Hogr Omar Taufiq

O efeito da variação de temperatura no pré-esforço do tabuleiro das pontes integrais

Hogr Omar Taufiq

O efeito da variação de temperatura no pré-esforço do tabuleiro das pontes integrais

ScienciaScripts

Cover image: www.ingimage.com

This book is a translation from the original published under ISBN 978-3-659-85008-0.

Publisher:
Sciencia Scripts
is a trademark of
Dodo Books Indian Ocean Ltd. and OmniScriptum S.R.L publishing group

120 High Road, East Finchley, London, N2 9ED, United Kingdom
Str. Armeneasca 28/1, office 1, Chisinau MD-2012, Republic of Moldova, Europe
Printed at: see last page
ISBN: 978-620-8-31802-4

Índice

RESUMO

O fator chave para compreender o comportamento em serviço das pontes integrais é o estudo dos efeitos das cargas térmicas e a forma como podem ser acomodadas no projeto de pontes de pilar integral.

A temperatura é o principal fator dos efeitos dependentes do tempo, influenciando também a fluência e a retração de duas formas. Em primeiro lugar, aumenta a relação temporal, uma vez que evapora a água do betão em condições de baixa humidade. Na segunda, aumenta a idade do betão, afectando as propriedades do betão devido à influência da hidratação do cimento.

As consequências estão relacionadas com as alterações térmicas nas pontes e as perdas de pré-esforço têm várias formas. A cura a vapor afecta as forças de pré-esforço em resultado da elevada flutuação da temperatura num curto período de cura e conduz a perdas em elementos pré-tensionados pré-fabricados. Durante os primeiros três anos após a pré-tensão, as alterações de temperatura provocam a expansão e a contração do elemento de betão. Além disso, afectam a fluência e a contração devido à humidade relativa ambiente, que apresenta tendências opostas à temperatura.

Neste estudo é utilizado um modelo de ponte Sap 2000 com temperatura e humidade reais registadas. As perdas de pré-esforço a longo prazo são calculadas numericamente para todos os intervalos de 30 dias desde o pré-esforço até 930 dias. Os resultados mostram que o arqueamento devido ao aumento da temperatura é menor do que a deflexão descendente como consequência da ativação do efeito combinado da fluência e da retração.

1- Introdução

1-1-Tensões térmicas em pontes integrais

A conceção de pontes esteticamente agradáveis, seguras e económicas exige uma estimativa precisa das cargas e da forma como estas actuam sobre a ponte. As pontes integrais são mais seguras e económicas do que as pontes tradicionais, pois têm um custo inicial mais baixo e não necessitam de manutenção. O termo "ponte integral" tem sido utilizado há mais de quatro décadas para definir uma estrutura de ponte contínua sem juntas, de um ou vários vãos, ou seja, sem juntas de dilatação do tabuleiro e sem almofada de apoio deslizante entre a superestrutura e os pilares e/ou encontros. As designações "ponte sem juntas", "ponte contínua" e "ponte de estrutura estriada" também podem ser utilizadas para este tipo de estrutura.

O betão expande-se quando sujeito a um aumento da temperatura ambiente e altera a deflexão da ponte. Se a deflexão for restringida como acontece nas pontes integrais, podem ocorrer fissuras para aliviar as tensões internas (Larsson, 2011).

Como resultado da eliminação da maioria dos problemas que ocorrem em pontes com juntas e placas de apoio, as pontes integrais tornaram-se mais populares. O efeito prejudicial da penetração de água nas juntas de dilatação leva à corrosão das armaduras e dos tendões de pré-esforço. Por outro lado, o congelamento da água faz com que a estrutura funcione de forma inadequada devido à indução de fissuras no betão.

A resposta da ponte integral aos efeitos da flutuação térmica é um princípio fundamental em comparação com a ponte articulada tradicional. A flutuação da temperatura numa duração sazonal e diária induz uma pequena rotação nas pontes integrais, mas um grande valor de tensões actua na secção. A ponte articulada pode mover-se e rodar para libertar essas tensões. Assim, tanto as pontes integrais como as pontes articuladas são pré-tensionadas, a temperatura afectará a força de pré-tensão (Krizek, 2005).

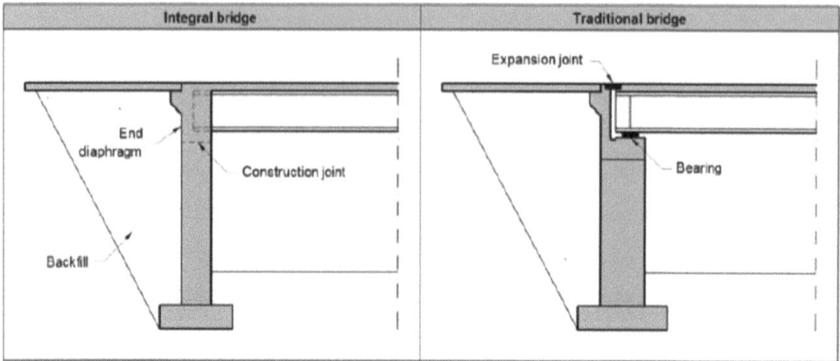

Fig. 1: Arranjo estrutural de uma ponte integral e tradicional (Krizek, 2005)

Existem algumas vantagens na conceção e construção de pontes integrais. A sua construção é mais económica. Além disso, necessitam de menos tempo para concluir a construção. A durabilidade da estrutura é aumentada pelo facto de não existirem juntas e apoios. A disposição estrutural da ponte tradicional integral e articulada é apresentada na Fig.1. Isto faz com que a estrutura permaneça em serviço sem manutenção e alterações nos apoios durante a sua vida útil. Têm uma melhor resposta a terramotos e cargas sísmicas, e a resistência à carga viva devido à continuidade estrutural. Melhoram a facilidade de manutenção e a qualidade da condução, proporcionando uma superfície lisa quando as juntas são eliminadas. Além disso, o pilar das pontes integrais só precisa de ser projetado para cargas verticais. Todas as cargas horizontais podem ser resistidas pelo tabuleiro da ponte, o que torna o projeto de pontes integrais mais simples (Baltimore, 2005).

Devido ao facto de se evitar o movimento do tabuleiro, são desenvolvidas tensões nos elementos das pontes de pilar integral sob cargas térmicas. O coeficiente de expansão térmica do betão varia em função da variação da mistura de betão, da propriedade e da proporção do agregado utilizado, da relação água/cimento, da humidade ambiente relativa e da idade do betão. Os dados recomendados para o coeficiente térmico do betão, que é de $10*10^{-6}$, baseiam-se em ensaios laboratoriais de betão e os resultados variam entre $4,1*10^{-6}$ e $14,6*10^{-6}$ (Kim, 2010).

A carga térmica no tabuleiro da ponte é afetada pela temperatura do ar, pela radiação solar, pela direção e velocidade do vento e pela taxa de humidade. O gradiente de temperatura ao longo da profundidade da secção influencia a resposta das pontes de pilar integral (Kim, 2010). A temperatura diária induz um gradiente térmico, que é uma distribuição não linear da temperatura, devido à fraca condutividade do betão, e influencia mais o tabuleiro da ponte do que os pilares.

O gradiente de temperatura induz um momento no tabuleiro e é mais prejudicial quando o gradiente de temperatura é negativo, quando combinado com as cargas vivas da ponte. Uma grande força axial está presente no tabuleiro da ponte como uma componente uniforme da temperatura. Depende da temperatura máxima e mínima do ar de sombra ambiente em função da localização e da geometria da ponte. O valor da temperatura máxima e mínima do ar de sombra pode ser encontrado nos mapas de isotérmicas nos anexos nacionais da Diretiva CE 1991-1. A simultaneidade da temperatura uniforme e a diferença linear representam a flutuação sazonal da temperatura no tabuleiro. Esta induz forças axiais constantes ao longo do tabuleiro. Estas forças axiais são maiores quando o tabuleiro se expande sob temperatura positiva do que quando se contrai sob temperatura negativa. No entanto, a contração induz tensões de tração no betão, que são mais prejudiciais do que as tensões de compressão (Paul, 2005). As forças axiais afectam mais os pilares e os encontros em pontes integrais do que o tabuleiro e devem ser tidas em conta no projeto dos pilares e dos encontros.

Robertson (2005) estudou as perdas de pré-esforço dependentes do tempo em pontes reais. A análise dos dados medidos mostra que existem grandes diferenças entre as perdas de pré-esforço previstas e as reais. Os efeitos dependentes do tempo afectam o desempenho em serviço do betão das pontes de betão, e os efeitos são mais significativos quando pré-esforçado. Os efeitos dependentes do tempo são a fluência, a retração, o relaxamento do aço e a temperatura do ar ambiente da ponte. Estes efeitos têm um impacto considerável no comportamento da estrutura de betão. As propriedades de fluência e retração do betão são variáveis devido a factores externos e internos (Bazart, 1985). A variação da humidade relativa e da temperatura são factores externos, enquanto que o tipo e a relação de agregados, a relação água/cimento, o tipo de cimento, a resistência do betão e a relação das armaduras são considerados factores internos.

1-2-Limitações para a construção de pontes integrais

Para além de todas as vantagens acima mencionadas, existem muitos problemas que limitam a utilização de pontes integrais e criam alguns problemas. Estes problemas podem ser resumidos da seguinte forma: Geralmente, são induzidas forças térmicas maiores numa ponte mais longa. Forças térmicas maiores na superestrutura aumentam a pressão passiva do solo atrás do pilar. A pressão do solo ocorre pela expansão da superestrutura devido ao aumento das alterações sazonais e diárias da temperatura (Daivid, 2014). Embora a contração do tabuleiro crie um espaço entre o solo compactado e o pilar, este pode desenvolver assentamentos no enchimento posterior e causar falhas ou fissuras na laje de aproximação. Tudo isto leva à separação da laje de aproximação do tabuleiro e do pilar da ponte. Teoricamente, é necessário um rácio elevado de compactação para o aterro, mas na construção de pontes integrais isto cria problemas devido à pressão passiva mencionada; por conseguinte, é necessário realizar mais estudos para procurar as soluções de engenharia necessárias. Outro tipo de problemas nas pontes integrais são as fissuras, incluindo as fissuras transversais do tabuleiro, as fissuras no pilar que ocorrem e se desenvolvem nas paredes laterais de betão devido à expansão e contração da superestrutura.

Se os pilares forem construídos sobre estacas, podem ser sujeitos a momentos de flexão elevados como efeito do movimento térmico do tabuleiro e da redução da sua capacidade de carga vertical. O efeito do movimento do ciclo térmico da superestrutura limita o comprimento das pontes integrais e também limita o ângulo de inclinação. Consequentemente, o movimento lateral do pilar é limitado a 51 mm para cada pilar das pontes integrais, enquanto o tipo de solo é essencial para suportar cargas verticais, de modo a evitar o movimento vertical do pilar (Flener, 2004).

1-3-Perdas de temperatura e de pré-esforço a longo prazo

Os estudos anteriores, que dependiam de uma abordagem numérica, previam vãos mais longos para as vigas de ponte pré-fabricadas pré-esforçadas e vãos contínuos para reduzir os momentos e as secções das vigas. Os elementos pré-esforçados devem ser dotados de uma tensão de flexão limitada às cargas de serviço e de um requisito de resistência às cargas finais. O projeto de uma ponte de betão pré-esforçado depende normalmente da tensão de flexão induzida nas fibras superiores e inferiores. A fórmula destas tensões depende dos momentos devidos ao peso próprio e às acções variáveis, da área da secção transversal, do momento de inércia e do módulo de elasticidade da secção, da distância do cordão pré-esforçado ao eixo neutro, da força de pré-esforço efectiva líquida após a contabilização das perdas devidas ao atrito, da fluência e da retração do encurtamento elástico do betão, da extensão do tendão e do relaxamento do aço. O efeito da variação da temperatura não foi incluído e foi ignorado por ser menos importante. No entanto, a observação térmica das pontes durante a construção e o serviço mostrou que o efeito pode ser significativo. Além disso, o desempenho da viga precisava de ser melhor compreendido.

A alteração da temperatura nas vigas pode ser descrita devido à distribuição ao longo da profundidade da barra. A distribuição pode ser uniforme ou com gradiente térmico. A alteração uniforme da temperatura leva à alteração do comprimento axial da barra, enquanto a distribuição gradiente da temperatura induz uma deflexão de flexão que depende da situação de determinação da barra. Isto pode ilustrar a determinação total e estática, tal como uma barra simplesmente apoiada, fornecendo à chumaceira movimento e rotação adequados que são suficientes para acomodar o efeito térmico.

Enquanto nas estruturas extremamente indeterminadas, as forças e os momentos são restringidos e podem causar danos nos pilares e nos apoios internos se a estrutura for contínua (Telang, 2003).

A previsão exacta da força de pré-esforço é essencial para evitar a fissuração. Se a força de pré-esforço for inferior à prevista, a fissuração pode ocorrer na parte inferior da secção em serviço sob cargas de tráfego. No entanto, se a força de pré-esforço for elevada, existe a possibilidade de a fissura ocorrer no banzo superior da fase de transferência.

A temperatura é o principal fator dos efeitos dependentes do tempo, influenciando também a fluência e a retração de duas formas. Em primeiro lugar, aumenta a relação de tempo à medida que a água evapora do betão em condições de baixa humidade e, em segundo lugar, aumenta a idade do betão, afectando as propriedades do betão devido à influência da hidratação do cimento.

1-4-Ambito e objetivo.

O objetivo desta dissertação é analisar os efeitos da temperatura na força de pré-esforço em pontes integrais. Este objetivo será alcançado através dos seguintes objectivos: revisão de estudos anteriores, modelação de pontes com o auxílio do programa Sap2000. A comparação dos efeitos das cargas térmicas em diferentes temperaturas ambientes na estação seca e húmida. Este efeito pode ser verificado através da alteração da deflexão do meio do vão e da curvatura sob as cargas térmicas. A flutuação diária da deflexão e das tensões a meio do vão é uma função da variação da força de pré-esforço durante o dia e a noite. Além disso, as alterações térmicas sazonais afectam a força de pré-esforço. Estas alterações induzem uma variação sazonal da deflexão a meio do vão e das tensões superiores e inferiores das fibras e reflectem a variação do pré-esforço.

2- Revisão da literatura

2.1 -Efeitos térmicos nas forças pré-esforçadas

O comportamento em serviço de pontes de pilar integral é complicado e há muitas perguntas sem resposta.

Uma delas é a resposta da ponte devido a alterações de temperatura durante a vida da ponte e a alteração da temperatura devido a efeitos sazonais de flutuação térmica. A alteração uniforme da temperatura no elemento da ponte apenas altera o comprimento axial do elemento. As forças axiais dependem do tipo de apoios. No entanto, a variação do gradiente de temperatura leva à deflexão por flexão (Barr, 2005). Este é o caso do tabuleiro da ponte e da temperatura das vigas, pelo que o projetista da ponte deve prever um deslocamento e uma rotação adequados para os apoios. Em pontes integrais, quando a expansão longitudinal é impedida, as tensões axiais e de flexão induzidas por alterações térmicas têm de ser acomodadas pelo componente da estrutura no projeto, quando a expansão longitudinal é impedida. Forças axiais elevadas podem provocar danos nos encontros e nos pilares interiores.

Alguns dos estudos anteriores utilizaram trabalhos experimentais com extensómetros de fio vibratório. Este medirá todas as alterações de temperatura e de tensão fixadas no topo, na base e no centro das vigas testadas. Além disso, serão utilizados espécimes e um sistema de fio esticado para medir a alteração da curvatura da viga (Newhouse, 2008).

2.2 -Efeitos da humidade relativa, da fluência e da retração nas perdas pré-esforçadas

As grandes deformações das deformações a meio do vão das pontes em caixão de betão pré-esforçado ocorrem principalmente devido à fluência do betão e às perdas reais de pré-esforço, que podem ser superiores às previstas para as perdas a longo prazo. Vários parâmetros são considerados como a principal razão para a previsão incorrecta da fluência e da retração. Esses parâmetros são a alteração da humidade relativa e da temperatura. A temperatura e a humidade são os principais factores que induzem a alteração do mecanismo de fluência e retração. A previsão das perdas de pré-esforço tem de ser melhorada devido ao facto de a curvatura das forças de pré-esforço ser oposta às deflexões das cargas mortas e vivas (Pan, 2014).

A previsão exacta das perdas de pré-esforço depende de mais do que um fator. Um desses factores é a perda por atrito, que é uma função da oscilação e do coeficiente de atrito. Estes dois coeficientes são muito importantes para prever as perdas efectivas devidas ao atrito. De acordo com as pontes monitorizadas, as perdas reais induzidas pelo atrito são superiores às previstas

(Zeng, 2009). Um dos outros factores que influenciam as perdas por pré-esforço é o rácio de aço não sujeito a esforço no elemento da estrutura. Este fator baseia-se em ensaios laboratoriais de 8 provetes de vigas pré-esforçadas com diferentes quantidades de armadura de aço, com a mesma dimensão de betão e área e força pré-esforçadas. Estes espécimes foram monitorizados e instrumentados durante um ano e o resultado foi que a maior diminuição do pré-esforço ocorre na viga com uma menor quantidade de armadura não tensionada (Guo, 2011).

A complexidade do mecanismo de fluência e retração em pontes de betão torna incerta a previsão das perdas de pré-esforço a longo prazo. Dados instrumentais anteriores mostram que as perdas dependentes do tempo em pontes pré-esforçadas são maiores do que o valor previsto (Saidii, 1996). A capacidade de serviço e a segurança global da estrutura podem ser influenciadas por perdas de pré-esforço não previstas, ou seja, grandes deformações e colapsos catastróficos. Hwan (2001) sugeriu que pode ser necessário um custo de grelha para fornecer tendões externos adicionais e pré-esforço extra à estrutura numa fase de serviço. O autor estudou a previsão de pré-esforço a longo prazo e propôs um método estatístico para aumentar o grau de certeza da previsão a longo prazo. O método baseia-se nas perdas a curto prazo antes da abertura da ponte ao tráfego. Utilizando os dados das perdas a curto prazo (método estatístico Bayesiano) para encontrar a previsão prévia e, em seguida, calcular a distribuição posterior das perdas de pré-esforço a longo prazo.

Um estudo anterior foi efectuado para uma ponte simplesmente apoiada em Navada, EUA, com perdas de pré-esforço instrumentadas em clima seco. O estudo mostra que ocorreram perdas significativas de abril a novembro, porque a humidade relativa desceu para 16 a 23%, o que levou à retração do betão e, subsequentemente, as perdas de pré-esforço podem ser observadas em grande quantidade durante o tempo quente e seco. O vão central desvia-se para baixo (Saiidi, 1998).

2.3 - Perdas de pré-esforço para elementos pré-fabricados durante a cura em fluxo

A aplicação de temperatura e humidade elevadas com uma variação no betão num processo de cura a vapor afecta a hidratação do cimento e o betão cura mais uniformemente e mais rapidamente do que a cura sob temperatura e humidade ambiente naturais. A penetração de calor e humidade aumenta a hidratação do material. Como consequência, o endurecimento do betão ocorre num curto espaço de tempo. A cura a vapor afecta a força de pré-esforço dos elementos de betão pré-esforçado pré-fabricados.

A temperatura de cura elevada pode afetar as forças de pré-esforço e a curvatura das vigas de betão pré-esforçado de três formas. A primeira, quando o aquecimento começa, o cordão pré-esforçado estende-se enquanto o comprimento do cordão é fixado entre os pilares. Isto resulta na perda da força do cordão e na redução da libertação da curvatura. Em segundo lugar, quando o coeficiente térmico do betão é superior ao coeficiente do aço. Neste caso, há perdas adicionais nas forças de pré-esforço e aumentos na curvatura devido ao facto de o cordão não se poder expandir como o betão. Finalmente, durante o arrefecimento, a redução da viga ocorre porque o cordão impede o movimento do betão, e o aumento da força porque o betão contrai mais do que o cordão (Barr, 2005).

Um aumento do gradiente de temperatura provoca compressão no banzo inferior numa viga simplesmente apoiada e tensão numa viga contínua. Assim, isto significa que a continuidade das vigas induz alterações opostas nas cargas e nas tensões de temperatura. As tensões de tração inferiores em serviço são reduzidas devido a tensões de tração de temperatura.

As perdas resultantes da elevada temperatura de cura podem ser compensadas por uma área adicional de cordão com um aumento de 12% e 5% da resistência do betão (Keroski, 2006). Baruce et al (2001) mostram que o aumento da temperatura durante a cura pode reduzir 11% da força total do macaco quando o cordão se expande.

2.4 - Controlo laboratorial das perdas devidas à cura a vapor

Uma ponte rodoviária de três vãos, com 24,2, 42,7 e 24,4 m de comprimento e 11,6 m de largura, foi instrumentada durante o fabrico e o tempo de serviço. Foram utilizadas na ponte vigas pré-fabricadas de betão pré-esforçado (I) com 1,9 m de profundidade. Além disso, foi utilizada uma viga de ensaio com 6,1 m de comprimento, com a mesma secção transversal e materiais moldados ao mesmo tempo que a data de moldagem das vigas da ponte. Foram instalados extensómetros de fio de vibração para medir a deformação e a mudança de temperatura em diferentes profundidades da viga. O sistema de fio esticado mediu a variação da cúmbera da viga.

Com base na análise de três dias de temperatura na viga antes da betonagem da laje, parece haver uma alteração significativa da curvatura, que é cerca de 2/3 da deflexão induzida pela betonagem do tabuleiro. A partir da leitura dos sensores, a mudança na leitura da temperatura é de cerca de 10°C no flange superior quando foi sujeita a uma luz solar direta antes da moldagem do tabuleiro, enquanto a curvatura era de 15 a 20 mm.

À medida que o tabuleiro é moldado, a continuidade rege o comportamento das vigas. As tensões induzidas pela temperatura têm um perfil não linear. Neste caso, foram induzidas tensões de compressão no tabuleiro e tensões de tração na parte inferior das vigas. De acordo com o local da ponte e o perfil de temperatura da AASHTO para a zona da ponte, a tensão de compressão foi de 8,8 MPa e a tensão de tração na base foi de 2,5 MPa. Estes valores são significativos, principalmente a tensão de tração na parte inferior, e podem afetar o projeto da ponte.

De acordo com a monitorização da viga durante a cura a alta temperatura, a força de pré-esforço e a curvatura inicial são afectadas devido ao gradiente de temperatura significativo. A variação de temperatura durante a cura a alta temperatura é afetada em três fases. Primeiro, quando o suporte aquece antes da sua ligação ao betão. Nesta fase, parte da força de pré-esforço perde-se e as tensões das fibras de fundo na capacidade de utilização aumentam até 26%. Em segundo lugar, a diferença entre o coeficiente de expansão térmica do betão e do aço leva a uma alteração adicional da tensão. Eventualmente, nesta fase, ocorrem perdas durante o arrefecimento do betão.

De acordo com o estudo de Barr (2005), a redução das tensões nos cordões foi de 3% a 7% e a curvatura inicial diminuiu cerca de 26 a 40%. Isto leva a um aumento da referida relação de tensões de tração na fibra inferior das vigas em serviço.

2.5 - Efeito da humidade relativa na fluência e retração

A temperatura afecta a fluência e a retração do elemento de betão. No entanto, é menos importante do que a humidade relativa. As alterações térmicas induzem alterações não só no rácio de tempo de fluência e retração. Também induzem alterações na taxa de envelhecimento do betão em função da alteração da hidratação do cimento. Para ilustrar, a deformação por fluência é superior duas a três vezes em 50°C com compressão a uma temperatura do ar de 24°C. A alteração do volume do betão em resultado da variação da temperatura ambiente depende da hidratação do betão, que está relacionada com a mistura dos materiais do betão (ACI-209R-92).

O comportamento do tabuleiro de betão é afetado pelos fenómenos de fluência e retração, aumentando a deflexão e afectando a distribuição das tensões. Os dois factores que influenciam a fluência e a retração do betão são os factores internos e externos. A alteração da temperatura ambiente e da humidade relativa pode ser classificada como um fator externo. No entanto, o tipo e a relação dos materiais utilizados no betão podem ser considerados como factores internos (Debbarana, 2011).

A interação do tabuleiro da ponte com o ar ambiente e a radiação solar induzem um efeito térmico no tabuleiro da ponte e influenciam o seu comportamento global. Isto ocorre no caso de uma conceção integrada com os pilares e as fundações.

O efeito térmico na estrutura pode ser dividido em duas partes, com base na variação sazonal e diária da temperatura. A variação sazonal ocorre anualmente, enquanto as variações diárias da temperatura do tabuleiro induzem uma alteração da temperatura entre a superfície do tabuleiro e os pontos interiores do mesmo. Esta distribuição não mais suave da temperatura é uma função da fraca condutividade do betão. O gradiente de temperatura provoca uma variação da tensão ao longo da profundidade da viga e afecta a deflexão.

Debbarama (2011) estudou e monitorizou a fluência, a retração e o efeito térmico numa ponte em caixão de betão pré-esforçado com uma condição simplesmente apoiada. A deflexão máxima registada devido ao gradiente diário de temperatura foi de 10 mm no centro do vão, sendo que a temperatura máxima positiva é a deformação por escoamento. O aumento da temperatura induziu a compressão na parte inferior e a tensão na parte superior da viga à medida que se desenvolvia uma deformação.

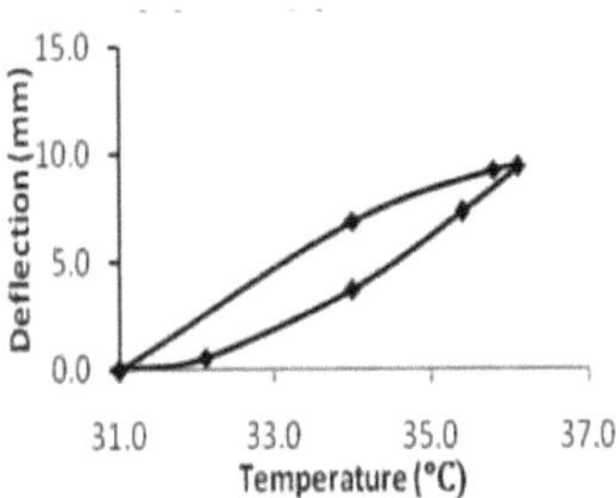

Fig.2: Deflexão a meio do vão devido ao gradiente diário de temperatura

De acordo com os dados registados e a Fig. 2 acima, o aumento da temperatura do ar de 31°C para 36°C durante o dia resulta no aumento da deflexão a meio do vão da viga em 9,5 mm. Esta deflexão reduziu-se e voltou à sua deformação original devido à diminuição da temperatura durante a noite. A repetição deste padrão dá oportunidade à formação de fissuras e afecta as forças de pré-esforço.

A força de pré-esforço da ponte Golden Valley foi instrumentada durante 30 meses a partir da data do pré-esforço. A ponte tem 47,3 m de vão e 13,7 m de largura com uma viga em caixão pré-esforçada em betão (Debbarama, 2011).

2.6 -Efeitos da variação sazonal da temperatura nas perdas por pré-esforço

Saiidi (1996) monitorizou a deflexão e as perdas de pré-esforço com a variação sazonal da temperatura na ponte Golden Valley. A temperatura média do ar e a humidade relativa da zona da ponte foram registadas durante todo o período de monitorização. De acordo com os dados registados para a temperatura e a humidade relativa do ar no ambiente da ponte, a temperatura e a humidade relativa têm uma tendência oposta. Por outras palavras, há uma humidade relativa baixa em dias de temperatura elevada e vice-versa. A humidade relativa na zona da ponte era de cerca de 30% no verão e de 60 a 70% no inverno. A tensão no tendão pré-esforçado a meio do vão, a deformação da superfície do betão e a deflexão a meio do vão foram recolhidas durante 30 meses.

A partir dos dados recolhidos, uma grande quantidade de redução da força de pré-esforço ocorreu nos meses de verão e o tabuleiro deflectiu para baixo a meio do vão. Algumas das perdas de pré-esforço podem ser revertidas nos meses de inverno, quando o meio do vão se deforma para cima.

A deflexão a meio do vão actua em função da força de pré-esforço. Quando a pré-esforço é quase constante ou tende a aumentar (nos meses de inverno), a deflexão muda para cima. As alterações sazonais de temperatura e humidade relativa induzem uma variação do meio vão da ponte para cima e para baixo. A ponte curvou-se quando a humidade relativa era superior a 50%. O arqueamento ocorre devido à absorção de humidade pelo tabuleiro de betão da ponte nos meses de inverno. Este facto provoca um aumento da força de pré-esforço. O contrário pode acontecer nos meses de verão. A deflexão a meio do vão ocorre para baixo e as perdas na força de pré-esforço ocorrem em função do aumento das perdas por retração e fluência (Saiidi, 1996).

2.7 - Comparação entre a temperatura registada na ponte e a temperatura prevista pela CE-1991-5.

Uma ponte integral em Ávila, Espanha, foi instrumentada durante um período de 4 anos e o resultado da experimentação para medir a ação térmica foi desenvolvido e induzido na ponte integral.

Hogo (2014) utilizou a informação experimentada para provar a validade da gama de temperaturas do Euro-Código 1991-5.

A estrutura era uma ponte integral com quatro vãos de 12, 20, 20 e 12 m, com um comprimento total de 64 m. O tabuleiro foi concebido e construído como uma laje maciça de betão pré-esforçado, fixada rigidamente aos pilares e encontros. O tabuleiro tem uma camada de pavimento de 50 mm de espessura.

O extensómetro e o inclinómetro são instalados longitudinalmente e 12 termistores são colocados em cada secção transversal. Os 12 termistores são colocados em 7 números no topo da secção, 2 no meio e 3 números na base da viga de betão da ponte. Dois medidores de juntas foram colocados no final da laje de aproximação. Os extensómetros de fio de vibração estão acoplados a cada termistor e foi instalada uma estação de controlo para medir a temperatura do ar à sombra sob a sombra da ponte. O Euro-Código 1991-5 representou as acções térmicas como quatro componentes. A componente uniforme da temperatura ΔTu, a variação linear da deferência ao longo dos eixos vertical e horizontal ΔTMz, ΔTMy e a variação não linear da temperatura. Para esta ponte, todos os componentes são determinados de acordo com o EC 1991-5 e comparados com os dados medidos. Foi utilizada uma abordagem numérica para determinar as componentes da temperatura a partir dos dados registados. A temperatura máxima de 44,5°C e a temperatura mínima de -3,3°C da estrutura não atingem o valor recomendado pelo EC 1991-5 durante o período de monitorização. Para além disso, a amplitude máxima da variação uniforme foi de 47,8°C, que é muito inferior ao valor da amplitude da CE-19915, 60,2°C. Outro dado que precisa de ser comparado é a variação diária, a CE-1991-5 baseia-se na adição de 8°C à temperatura mínima e 2°C à temperatura máxima do ar à sombra para encontrar a temperatura uniforme máxima e mínima, que se baseia numa variação diária de 10°C. Por outro lado, a variação da estrutura monitorizada num dia foi de até 18°C. Os dados registados mostram que a diferença entre a temperatura uniforme e a temperatura do ar à sombra é superior a 2°C e a mínima uniforme é inferior aos 8°C propostos pelo CE - 1991-5. A variação linear da componente de temperatura dos dados registados mostra que a temperatura máxima linear positiva foi de 13,2°C e o valor mínimo da diferença negativa foi de -5,9°C. Isto proporciona uma gama máxima medida de 19,2°C. Comparando estes valores com os valores fornecidos de 15, -8°C e 23°C. A comparação destes valores mostra que correspondem aos dados experimentais da leitura dos sensores.

Com base no cálculo de diferenças de temperatura não lineares e nos dados obtidos a partir de sensores. O perfil era parabólico, ao passo que o perfil EC-1991-5 é linear ao longo da profundidade do tabuleiro, sendo quase semelhante à informação experimental.

Finalmente, a partir da verificação do deslocamento devido à variação de temperatura, a quantidade registada pelos medidores de juntas corresponde perfeitamente à quantidade teórica que pode ser encontrada a partir de L*ΔT*aC.

2.8 - Comparação entre a temperatura registada na ponte e a temperatura prevista pela AASHTO.

A ponte da Califórnia foi instrumentada. A ponte em caixão, com 78,6 m de comprimento e 8° de inclinação, foi projectada e executada como dois vãos iguais. A largura total é de 12,8 m e a profundidade da viga em caixão é de 1,7 m, com um espaçamento entre quatro células de 2,7 m. As cinco vigas de alma pós-tensionada, os perfis dos tirantes eram de forma parabólica, com uma distância de 890 mm do fundo nos pilares, 1275 mm nos apoios dos cais e 279 mm perto do meio de cada vão.

Número de medidores de inclinação, termoacopladores e extensómetros de fio de vibração instalados na superestrutura da ponte para captar o comportamento global da ponte durante as variações térmicas sazonais e diárias. Termoacopladores colocados ao longo da altura da superestrutura da ponte para monitorizar o gradiente de temperatura. O medidor de inclinação e os extensómetros colocados nos encontros e nos vãos intermédios destinam-se a medir a rotação estática, num total de 53 sensores.

A temperatura do tabuleiro de betão de 203 mm foi monitorizada a 10 alturas diferentes através da colocação de termoacopladores ao longo da altura. Outros foram colocados a meio da alma e do banzo inferior. De acordo com os dados registados, verificou-se que a temperatura da ponte varia ao longo da altura em função do tempo. As leituras dos termoacopladores foram utilizadas para determinar a temperatura média da secção transversal, dividindo a secção em faixas horizontais com os termoacopladores no centro da faixa. A medição dos termoacopladores é assumida à altura das tiras.

A AASHTO LRDF recomenda um intervalo de temperatura de 46 a -1°C para a ponte. A temperatura média máxima e mínima da ponte, a partir das medições registadas, é de 43 e 3,5°C. Os dados recolhidos durante um ano mostram que a temperatura média da ponte varia significativamente durante o ano. Além disso, a temperatura registada, comparada com o limite extremo fornecido pelo mapa de projeto da AASHTO, mostra que está dentro do intervalo, mas que se aproxima claramente do limite de projeto com uma pequena diferença de 3°C.

O maior gradiente positivo foi de 24°C. Este foi registado às 15:00 horas do dia 2 de julho de 2010. Foi comparado com a temperatura máxima de projeto positiva recomendada pela AASHTO 2010. A temperatura máxima registada no topo foi inferior ao valor recomendado pelo código; cada uma foi de 30°C. No entanto, no flange inferior, tanto o valor da temperatura AASHTO como o valor da temperatura registada foram aproximadamente semelhantes.

O gradiente negativo foi de -8,9°C registado em 24 de janeiro de 2011. A comparação com o valor negativo máximo recomendado pela AASHTO mostra que a temperatura medida na flange superior -16°C é inferior à temperatura de referência -27°C. No entanto, o gradiente inferior registado -7,8°C é três vezes superior ao gradiente de projeto, o que diminui as tensões de tração na parte inferior da viga. Esta diferença na temperatura negativa do banzo inferior é o mesmo valor para todos os termoacopladores durante o período de registo (Rodriguez, 2014).

2.9 - Efeitos térmicos sazonais nos pilares dos IABs.

A ponte integral de três vãos tem um comprimento total de 97 m e uma inclinação de 30 graus num dos lados. Além disso, tem um pilar em forma de U sobre um conjunto de estacas de aço sob o betão armado.

Os transdutores de deslocamento, os medidores de mancha e o medidor de inclinação para medição do movimento são fixados em diferentes locais da ponte. Também são utilizados termopares para medir a temperatura do ar e do betão. O deslocamento e as manchas induzidas pela temperatura estão incluídos nos objectivos de monitorização.

A temperatura máxima registada na ponte foi de 38,3°C em julho. Por outro lado, a temperatura mínima registada na ponte em janeiro foi de -24,4°C.

A tensão de flexão registada para as estacas perto da largura média do pilar foi de 518με na direção X e 619 με na direção Y. Estas medições foram registadas num período de um ano, entre a temperatura mais quente e a mais fria registada. A longitudinal do pilar era de 31 mm para o pilar norte (Rizkalla, 2005). .

2.10 -Previsão de deflexão a longo prazo

O cálculo e a previsão da deformação a longo prazo da viga de betão pré-esforçado é um procedimento complicado. Isto está relacionado com a alteração da força pré-esforçada em função do tempo. Isto ocorre devido a factores que influenciam a perda de pré-esforço. Além disso, a força de pré-esforço é afetada pela expansão do cordão causada pela alteração da temperatura antes da transferência de tensões para o betão (Rizkalla, 2005).

Existem três maneiras de estimar a curvatura de uma viga de betão pré-esforçado. Método do multiplicador, que é um método simples desenvolvido por (Martin, 1977). Baseia-se na multiplicação do cúmulo elástico na transferência de pré-esforço por um fator padrão. Tadros et al. (1985) desenvolveram um método multiplicador melhorado e modificado para incluir propriedades específicas do betão. Outro método para prever o arqueamento é o método do passo de tempo. Este método requer que a retração e a deformação de fluência sejam calculadas numericamente. Este método fornece uma previsão exacta da curvatura e só se justifica para estruturas de pontes de longo vão ou segmentadas.

Ahliborn (1999) estudou a deformação de duas vigas de betão com uma mistura de betão diferente. A primeira mistura foi efectuada com agregado calcário e a outra com brita glacial. Ambos os betões tinham uma elevada resistência à compressão, cerca de 76MPa. Durante a monitorização de ambas as vigas durante os primeiros 60 dias, e após o cálculo da deformação utilizando o método do multiplicador, obtiveram-se os seguintes resultados. A primeira mistura de betão previu com precisão o valor medido, enquanto a curvatura prevista para a segunda mistura de betão foi superior à medida em 50 mm. Sattaling (2003) monitorizou a alteração da deformação e da curvatura utilizando dispositivos de instrumentação para cinco vigas de betão de elevado desempenho durante 200 dias. No seu estudo recente, Sattaling (2003) verificou que a curvatura prevista é próxima da medida utilizando o método de cálculo por etapas e que os resultados do método do multiplicador são superiores aos medidos.

2.11 - P.J Barr (2008) e (2010)

P.J Barr (2010) estudou a alteração da curvatura e da deformação em cinco vigas do viaduto SR18/SR516 nos EUA. As vigas de meio vão foram pré-tensionadas com 18 cordões curvos e 26 cordões rectos. Os vãos curtos têm apenas 6 cordas curvas e 8 cordas rectas. O registo dos dados começou no dia da libertação da corda pré-tensionada. A partir da data de libertação até à fundição do tabuleiro no dia 200, verificou-se uma alteração súbita da tensão. Isto deve-se à retração e à fluência do betão e ao relaxamento do cordão. A maior variação da deformação registou-se na parte inferior da viga, em resultado da elevada tensão de compressão induzida na parte inferior antes da moldagem do tabuleiro. As leituras das curvas são efectuadas em pré-fabricados durante muito tempo e são afectadas pela fluência, pela retração e pela localização da viga no estaleiro. Uma das vigas expostas à maior parte da luz solar e a diferenças de temperatura elevadas afectou a sua curvatura mais do que as outras. Quando as vigas foram erguidas após 63 dias de moldagem, todas as vigas do meio do vão se deformaram 10-20 mm devido ao simples apoio. Quando o tabuleiro foi lançado, ocorreu uma queda súbita da curvatura devido ao peso do tabuleiro. De acordo com os dados dos três anos, a curvatura aumentou ligeiramente ao longo do tempo devido à contração diferencial do novo tabuleiro contínuo e das vigas. Os instrumentos das vigas de vão curto eram semelhantes aos das vigas de vão longo, com uma pequena diferença de magnitude devido ao seu menor comprimento. Uma das vigas de vão curto tinha um valor de arqueamento maior, o que resulta do perfil de temperatura de cura da mesma. O sistema de cura em fluxo e a elevada temperatura de hidratação do betão conduzem ao mecanismo mencionado. Nestas vigas monitorizadas, o topo das vigas curou a uma temperatura mais elevada do que a parte inferior e foi induzida uma tensão elevada no topo. O efeito do arrefecimento após a ligação dos cordões ao betão tem uma grande contribuição para a alteração total da curvatura. As diferenças entre as curvaturas medidas e calculadas numericamente foram apresentadas no estudo de Barr (2010). Os resultados de todos os métodos de previsão da curvatura foram diferentes no intervalo de 16 mm a 53 mm para o vão longo e de 5 mm a 13 mm para o vão curto (Barr, 2010).

A monitorização das forças de pré-esforço mostra que as perdas medidas foram superiores à magnitude da estimativa para o projeto da viga. As perdas devem ser estimadas e subtraídas à força de elevação para garantir que a tensão de pré-esforço restante nos cordões é suficiente para fornecer as tensões necessárias ao betão em serviço. A deformação medida no centro dos cordões foi multiplicada pelo módulo de Young dos cordões. Isto é necessário para determinar as perdas de pré-esforço. A partir de dados de três anos, a média das perdas de pré-esforço foi de 385 MPa, o que corresponde a 27,5% das forças iniciais. Antes da moldagem do tabuleiro, as perdas eram mais elevadas do que a média de todas as vigas. No entanto, a magnitude reduziu-se quando o tabuleiro foi moldado. Notou-se que a mudança na temperatura do betão devido à cura a vapor foi de 25°C ao longo da profundidade da viga e tem um efeito nas perdas de força totais. Barr (2008) estudou a diferença entre a previsão da AASHTO para as perdas e as perdas reais medidas durante três anos. Verificou-se que a diferença de encurtamento elástico está relacionada com a diferença de módulo de elasticidade. O módulo de elasticidade da AASHTO era de 37,9GPa, enquanto o medido era de 29,6GPa (Barr, 2008).

2.12 - Outros efeitos das cargas térmicas

2.12.1 - Teste de ponte nos EUA

A ponte de Minnesota tem três vãos pré-esforçados com um comprimento de 22 metros para cada vão, 12 metros de largura utilizando quatro vigas pré-esforçadas de 22 metros de comprimento, 230 mm de espessura de betão armado para a continuidade do tabuleiro, vigas apoiadas no pilar e uma fila de seis estacas por baixo.

Verificou-se uma diferença insignificante entre a temperatura do tabuleiro e a da viga num inverno. O gradiente térmico foi quase nulo durante o tempo frio. Em contrapartida, os gradientes térmicos foram significativos nas medições efectuadas no verão (julho e agosto). Este facto deve-se à diferença de radiação solar e à transformação térmica nas unidades da estrutura.

Foram instalados medidores de inclinação na superfície do pilar para medir a rotação do pilar de 0,095 graus durante um período de um ano. Esta rotação ocorreu devido a alterações de temperatura e gradientes térmicos. A contenção do movimento lateral e a pressão do solo de enchimento são induzidas pela expansão do tabuleiro causada pelo aumento da temperatura. O gradiente de temperatura induziu a compressão nas vigas e a tensão no tabuleiro. Isto faz com que a curvatura negativa das vigas e a tensão do pilar girem para fora.

A curvatura da estaca sob o pilar, monitorizada durante sete anos, mostra que a curvatura longitudinal aumenta quando a temperatura desce (leitura dos medidores no inverno) e diminui a cada verão. Anualmente, o aumento médio da curvatura longitudinal da estaca foi de 590 $\mu\varepsilon$ / m, o que é aproximadamente igual a 15 MPa de tensão nos flanges (Keroski, 2006).

Os movimentos horizontais dos pilares registados em sete anos foram de 39 mm a 45 mm num deles e de 48 mm a 55 mm no outro.

2.12.2 - Testes e estudos de campo

Os ensaios de campo efectuados por (Lawver et al., 2000) mostram que as tensões induzidas pela temperatura térmica e pela alteração da temperatura da estrutura são, em alguns casos, superiores ao efeito da carga viva. O comportamento da ponte integral e as tensões devidas à restrição induzem efeitos adicionais do solo de enchimento na estrutura. Este assunto foi estudado mais tarde por David (2014). Ele observou que as mudanças positivas de temperatura na superestrutura causaram empurrões no pilar e na estaca contra o solo de aterro. No entanto, o empuxo de terra passivo resiste ao movimento.

Quando contraído como resultado de uma mudança negativa de temperatura, ocorre uma pressão ativa no solo. Para estudar o comportamento da superestrutura, do aterro e do solo da fundação, quando ocorre o movimento lateral, os dados foram analisados pelo programa de análise de elementos finitos Osyas. Este programa baseia-se em ensaios numéricos e de campo da reação cíclica do solo. Rollins e Cole (2006) referiram que o deslizamento e a separação entre as estacas e as superfícies do solo ocorrem em resultado de cargas laterais cíclicas.

. Para estudar o comportamento da ponte, foi selecionada uma ponte típica com 42 m de comprimento e 11,5 m de largura integral para análise por elementos finitos, a fim de estudar o comportamento da ponte. Para além disso, foram estudados quatro tipos de aterro de solo.

A superestrutura expande-se sob o efeito térmico. Esta expansão resiste ao aterro à medida que a expansão aumenta. A diferença entre o deslocamento lateral dos tipos de solo de aterro diminui. Para provar este ponto, o deslocamento de expansão ocorre com o aumento da temperatura de 6°C, a pressão passiva do solo com aterro de areia siltosa em comparação com o solo argiloso foi de 10,7%, com 30°C a diferença muda para 3%.

O estudo ilustra o deslocamento vertical da superestrutura resultante da carga de expansão térmica, ao contrário do deslocamento lateral. Não é proporcional às cargas de expansão térmica. No entanto, a diferença entre os tipos de solo mudou de 272% para 70% quando as cargas térmicas aumentaram de 6°C para 30°C. Isto significa que as propriedades do solo de aterro têm um efeito significativo nas deslocações verticais. Quando a contração é induzida termicamente, a pressão ativa do solo torna-se insignificante no deslocamento vertical da superestrutura.

Como resultado, o deslocamento vertical da superestrutura devido à carga vertical imposta é influenciado pela rigidez do solo de aterro. A deflexão para uma expansão de 30°C é de 2,5 mm para cima com aterro de argila e 5,5 mm com aterro de areia siltosa. A deflexão final com carga vertical total imposta é de 98 mm, 88 mm com aterro de argila e areia siltosa, respetivamente (David, 2014).

3- Metodologia

O objetivo deste projeto é analisar os efeitos da temperatura nas perdas de força de pré-esforço numa ponte integral. Esta dissertação utilizará a geometria e a relação temperatura e humidade ambiente de uma ponte instrumentada nos EUA durante 30 meses. A ponte foi modelada num software de elementos finitos. Primeiro, como uma ponte simplesmente apoiada, como é na realidade. Em segundo lugar, alterando a condição dos apoios para fixar, de modo a obter uma ponte integral, e depois carregando com as cargas térmicas reais. No próximo capítulo, será apresentada uma comparação entre os dados medidos para os modelos com apoio simples e integral.

3-1 - Geometria de pontes:

A ponte tem um vão único com um comprimento de 47,3 m. O tabuleiro é uma viga em caixão de betão pós-tensionado com cinco células e uma largura total de 13,7 m. A secção transversal dimensional do tabuleiro é mostrada na Fig. 3.

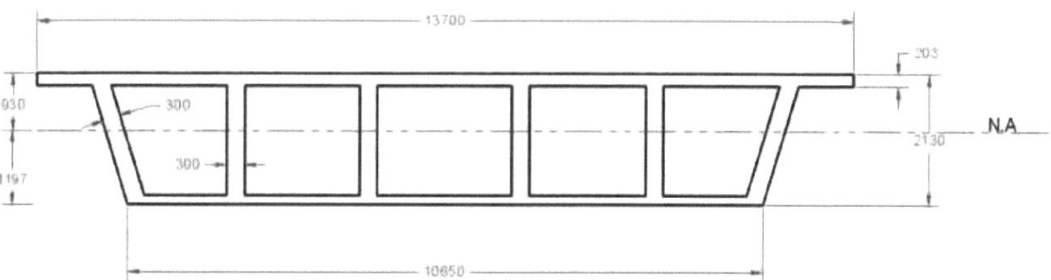

Fig. 3, Secção transversal dimensional da viga caixão da ponte, dimensões em mm.

Foram utilizados sete fios de arame com um diâmetro de 12,7 mm. No total, foram utilizados 484 cordões no tabuleiro num perfil parabólico com 953 mm de excentricidade a meio do vão e 64 mm nos apoios. Em cada viga são colocadas três condutas, sendo utilizadas 31 cordas em duas das condutas e 19 ou 18 cordas na terceira.

Seis tendões definidos no software, a área total dos tendões é semelhante à área efetivamente utilizada. A Fig.4 mostra o perfil de disposição dos tirantes para metade do comprimento da ponte.

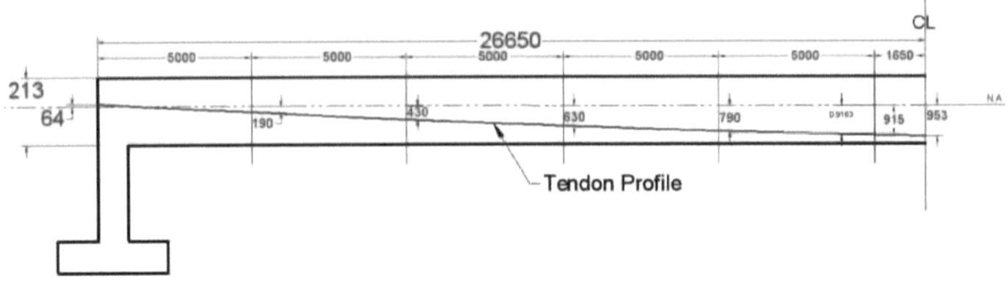

Fig. 4, A vista em meia elevação mostra o perfil do tendão e a excentricidade.

3-2 - Propriedades dos materiais:

3-2-1 - Propriedades do betão:

As propriedades do betão estão resumidas no Quadro 1 abaixo.

Quadro 1: Propriedades do betão do tabuleiro da ponte

BetãoCompressivo Força	Valor especificado	Valor medido
Data do pós-tensionamento	24,1 MPa	39,5 MPa
Aos 28 dias de idade	31MPa	42,1 MPa
Módulo de elasticidade	25000Mpa	
Coeficiente de expansão térmica	9,9 *10^{-6} /°C	
Rácio de Poisson	0.2	

3-2-2 - Propriedades dos fios:

Foi utilizado o grau 270 de fio de aço de baixa relaxação. A tensão de cedência do cordão é de 1780 Mpa e a tensão final é de 1900Mpa. Os tendões foram tensionados até 70 por cento da resistência final especificada para os cordões como tensão inicial do tendão.

No total, são utilizados 484 números de fios de 12,7 mm e 7 fios no tabuleiro da ponte.

Pré-tensão máxima

Pré-tensão máxima = min {0,8 fpk; 0,9 fp0,1K} (MPa)

Pré-tensão máxima =min { 0,8*1900 ; .9* 1780 }(MPa)

Pré-tensão máxima = min {1520 ; 1602 } (MPa)

Pré-tensão máxima = 1520 Mpa

A tensão de pós-tensão aplicada é de 1310 MPa, que é inferior a 70% da resistência final (0,7* 1900 = 1330 Mpa).

3-3 -Propriedades da secção do convés:

Os dados da secção do convés são apresentados no quadro 2.

Quadro 2: Propriedades da secção do tabuleiro da ponte

Área da secção transversal	7.6347 m^2
Momento de inércia em torno do eixo X	4.8915 m^4
Momento de inércia em torno do eixo Y	107.5054 m^4
Raios de giração, eixo X	0.8004 m
Raios de giração, eixo Y	3.7525 m
Ytop	0.933 m
Ybottom	1.197 m
Módulo de secção superior	5.2427 m^3
Módulo da secção inferior	4.0864 m^3

3-4 -Dados térmicos:

A temperatura média mensal e a humidade relativa do ar no ambiente da ponte foram registadas numa estação próxima da ponte durante 30 meses a partir da data de pré-esforço. Pode notar-se claramente na Fig. 5 que a humidade relativa e a temperatura do ar têm uma tendência oposta, ou seja, quando há uma temperatura do ar elevada num determinado mês, há uma razão de humidade relativa baixa no mesmo mês e vice-versa. Esta diferença afecta o comportamento do tabuleiro e torna a previsão das perdas de pré-esforço mais complicada, como se descreve mais adiante.

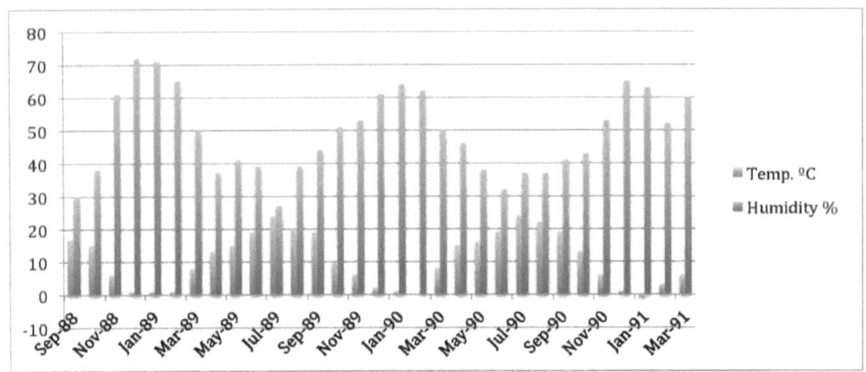

Fig. 5: Relação entre temperatura e humidade para a localização da ponte.

Os dados registados foram utilizados por duas razões. Em primeiro lugar, para calcular o efeito da variação sazonal da temperatura na curvatura do tabuleiro. A segunda, calcular as perdas de pré-esforço devido à alteração da fluência e da retração em função da combinação da humidade e da temperatura.

3-4-1 - Temperatura uniforme do convés

As tensões de temperatura a aplicar ao tabuleiro da ponte são modificadas na norma BS EN 1991-1-5:2003(E). Para a viga em caixão de betão, é como ilustrado abaixo.

Tmax= 24°C , Tmin = -7°C

Te,max =Tmax + 2 = 26°C ; Te,min = Tmin + 8 = 1°C

A superfície do convés é de 100 mm. Por conseguinte, a temperatura adicional para Te,min e Te,max é zero.

A simultaneidade da temperatura uniforme e a diferença linear de temperatura entre o topo e a base do tabuleiro necessitam de ΔTm,calor e ΔTm,frio e são fornecidas no Quadro 6-1- EC1-5.

Para a viga em caixão, ΔTm,heat = 10°C, e ΔTm,cool = 5°C.

O coeficiente de afetação da superfície, Ksur, para uma superfície de 100 mm é de 0,7 e 1 para o calor e o frio, respetivamente.

ΔTN,exp= Te,max -To = 16°C; ΔTN,con= To - Te,min = 9°C

Conceção ΔTN,exp = 16+10 = 26°C; Conceção ΔTN,con = 9 +10 = 19°C

wn = 0,35; wm = 0,75,

ΔTm,heat + wnJΔTN,exp = 19,1 °C ; ΔTm,cool + wnΔT,Ncont = 11,65°C

wmΔTm,heat + ΔT,Nexp = 33,5°C ; wmΔTm,cool + ΔT,Ncont= 22,75°C

Tanto 33,5°C como -22,75°C são utilizados no modelo como temperatura uniforme do convés.

3-4-2 - Gradientes de temperatura

Gradiente de temperatura negativo

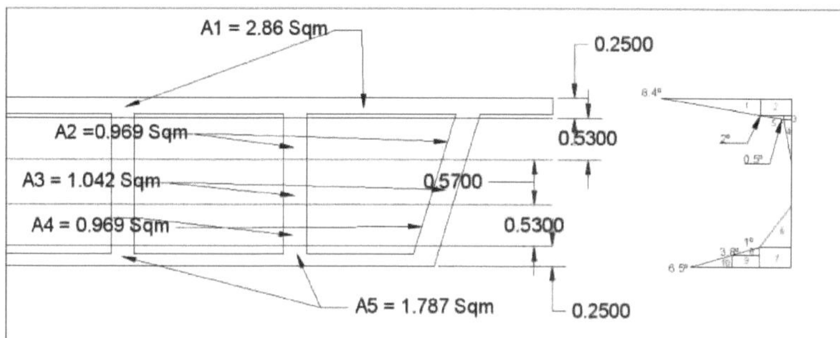

Coeficiente térmico do betão = $10*10^{-6}$, Módulo de elasticidade = 34 KN/mm^2

Tensão = a * ΔT * E

Quadro 3: Forças e momentos devidos ao gradiente negativo de temperatura

Posição	**Stress** (KN/mm $)^2$	**Área (mm $)^2$**	**Força (KN)**	**Momento (KN.m)**
1	0.001088	2860000	3111.68	2473.7856
2	0.00068	2860000	1944.8	1419.704
3	0.000017	2860000	48.62	34.32572
4	0.0000425	969000	41.1825	21.661995
5	0.000255	2860000	729.3	522.9081
6	0.00017	969000	164.73	-126.8421
Posição	**Stress** (KN/mm $)^2$	**Área (mm $)^2$**	**Força (KN)**	**Momento (KN.m)**
7	0.00034	969000	329.46	-353.18112

8	0.000238	969000	230.622	-231.083244
9	0.000952	969000	922.488	-996.28704
10	0.00051	969000	494.19	-566.83593
Forças e momentos totais			8017.0725	2198.155981

Gradiente de temperatura positivo

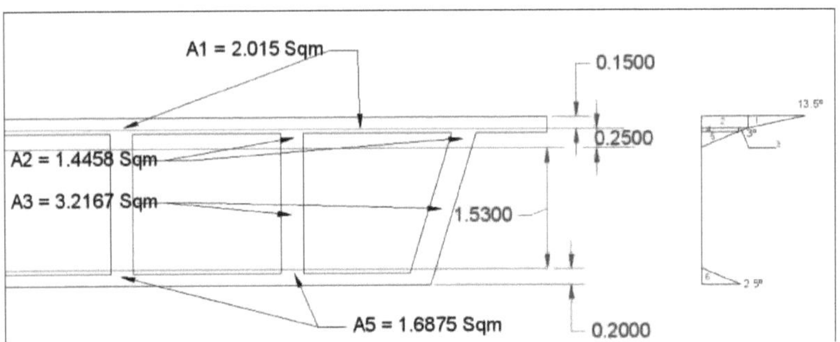

Quadro 4: Forças e momentos devidos a um gradiente de temperatura positivo

Posição	**Tensão** (KN/mm)^2	**Área (mm)^2**	**Força (KN)**	**Momento (KN.m)**
1	0.001785	2015000	3596.775	3175.952325
2	0.00102	2015000	2055.3	1763.4474
3	0.000017	1445800	24.5786	18.9992578
4	0.00068	1445800	983.144	759.970312
5	0.00034	1445800	491.572	325.420664
6	0.000425	1687500	717.1875	-811.1390625
Forças e momentos totais			7868.5571	5232.65

3-5 Modelação de pontes:

Todos os elementos do modelo da ponte foram definidos e atribuídos aos elementos, tabuleiro, tendão pré-esforçado, diafragmas, apoios e molas de fundação. O tabuleiro foi atribuído como um pórtico de 16 elementos.

A secção da viga em caixão de betão inclinada existente foi modificada para as dimensões reais da secção do tabuleiro. Além disso, foram definidas outras variáveis no software, incluindo as propriedades do betão do tabuleiro, a resistência do betão, o módulo de elasticidade, o coeficiente de Poisson e a expansão térmica do betão.

O software calcula automaticamente a carga morta da viga-caixão do tabuleiro de betão. É atribuída aos elementos do pórtico uma carga extra de gravidade, bem como cargas móveis e de camiões. A temperatura da ponte é definida em quatro tipos diferentes. Temperatura uniforme positiva e negativa e gradientes de temperatura. A simultaneidade das diferenças uniformes e lineares máximas e mínimas é calculada de acordo com os requisitos da diretiva CE 1991-5, tal como apresentado anteriormente, e atribuída à barra dos elementos do pórtico do tabuleiro no software com diferentes padrões de carga. Os mesmos procedimentos foram seguidos para os gradientes de temperatura.

É definido um diafragma sólido com uma espessura de 203 mm com as suas propriedades de betão, pilares e apoios especificados.

O tendão pré-esforçado é atribuído como carga para evitar o cálculo automático da fluência, da contração e da relaxação do aço do tendão. Atribuindo o tendão como um elemento, o software calcula automaticamente as perdas de acordo com a humidade relativa e a temperatura fixas que podem ser introduzidas no programa e calcula as perdas totais a longo prazo.

A ponte foi modelada no Sap 2000, em primeiro lugar, como uma ponte de apoio simples. A variação vertical do tendão pré-esforçado foi definida como uma disposição parabólica e ajustada à excentricidade necessária. São 64 mm nas extremidades e 953 mm a meio do vão. A Fig. 6 mostra a posição dos tendões nos apoios das extremidades e a meio do vão do tabuleiro. A área dos tendões é calculada a partir do número de cordões de 12,7 mm utilizados, num total de 484 números utilizados em todo o convés. Assim, a área total é calculada com base no número total de cordões: $484*6{,}35^2 *\pi = 61310\ mm^2$

Foram utilizados seis tendões no modelo com uma área de ($61331/6 = 10218\ mm^2$) Tendões sujeitos a uma tensão de $1310N/mm^2$, a força de elevação inicial é, = 1310* 10218 = 13385 KN/ tendão.

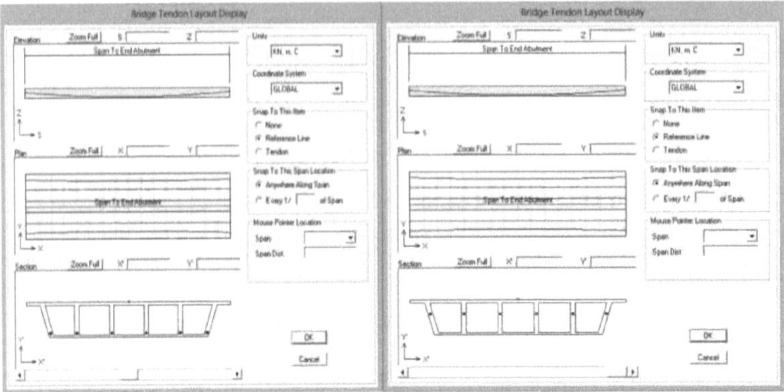

Fig.6, Posições dos tendões nos apoios e a meio do vão

Os tendões no software Sap2000 podem ser definidos como uma carga ou como um elemento. A definição como elemento permite que o programa calcule automaticamente as perdas de pré-esforço. As perdas de pré-esforço são devidas ao atrito, ao deslizamento da ancoragem, à retração, à fluência e ao relaxamento do aço do tendão. Neste modelo, os tendões pré-esforçados são definidos como uma carga e as perdas calculadas separadamente são introduzidas como uma deformação. O software calcula as perdas totais a longo prazo. No entanto, este estudo está a procurar o efeito da temperatura nas perdas por pré-esforço.

Os dados relativos à humidade relativa, à fluência e à retração podem ser aplicados ao modelo no Sap 2000 na (Caixa de propriedades avançadas do material, ícone de propriedade dependente do tempo, Fig. 7, O valor da humidade relativa é constante e não pode ser alterado com o tempo. A retração e a deformação por fluência são calculadas em função do tempo no software com um valor fixo do rácio de humidade e os seus efeitos totais são aplicados ao modelo. A deformação de retração e o coeficiente de fluência podem ser impressos como um gráfico de linhas, mas não são incluídos no cálculo das perdas de pré-esforço. A Fig. 8 mostra esses gráficos de linhas.

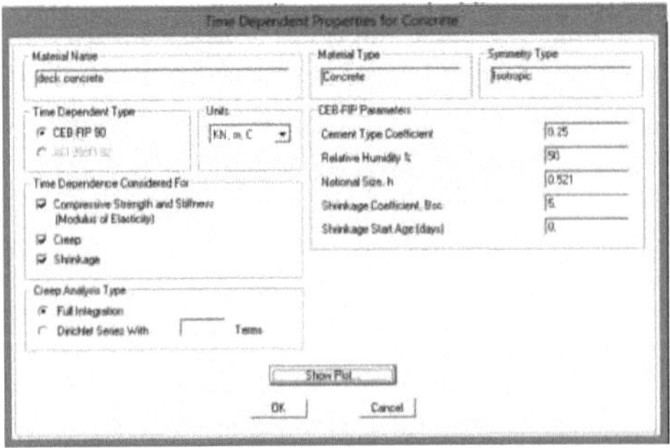

Fig. 7, Propriedades dependentes do tempo da entrada de betão Sap2000

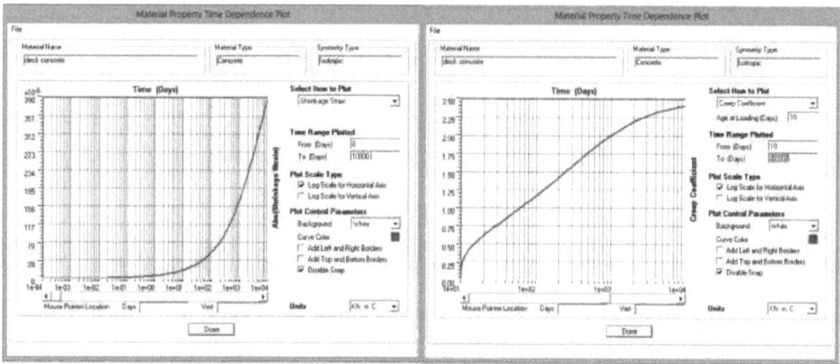

Fig. 8: Gráfico de linhas do coeficiente de fluência e da deformação de retração em Sap2000.

São necessários cálculos manuais da retração por fluência e da relaxação do aço. Além disso, é necessário analisar o efeito do rácio de humidade nas perdas por fluência e retração num período mensal e em que medida a relaxação do aço aumenta em função do tempo. Por conseguinte, as perdas por pré-esforço são necessárias para o verão com uma temperatura elevada e uma baixa taxa de humidade relativa. Além disso, é apresentado o inverno, onde a temperatura é baixa e o rácio de humidade relativa é elevado. Tanto a retração como a fluência são afectadas pela humidade relativa e o volume do betão diminui, o que leva a perdas de força de pré-esforço.

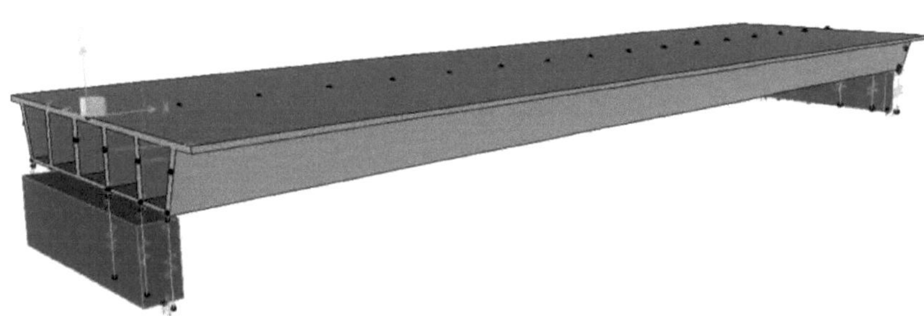

Fig. 9: Vista tridimensional do modelo Sap2000.

Modelo de ponte integral

A condição de apoio da ponte modelada foi alterada para fixa para atuar como uma ponte integral. Foi modificado um novo tipo de apoio para o modelo com fixidez contra o movimento e a rotação nos três eixos. Esta fixidez foi definida no software alterando as propriedades de (U1, U2, U3,

R1, R2 e R3) para uma condição fixa. O apoio fixo atribuído aos pilares inicial e final e a atualização das ligações no modelo da ponte são necessários para ativar a nova condição de apoio.

3-6 -Cálculo das perdas

Perdas devidas a fluência e retração calculadas de acordo com os dados da razão de humidade acima referidos para vários tempos diferentes de acordo com a BS EN 1992-1-1. A carga térmica também foi calculada de acordo com a norma BS EN 1991-1-5.

Perdas e carga térmica aplicadas ao modelo, simultaneidade das componentes uniforme e de diferença de temperatura e somatório das perdas aplicadas ao modelo como uma deformação.

3-6 -1 -Cálculo dos dados necessários

Os requisitos para o cálculo das perdas de pré-esforço para (t) dias após o pré-esforço para um tendão são a área da secção transversal do tendão, as forças iniciais de pré-esforço na posição de elevação e a meio do vão após a perda de atrito e o deslizamento da ancoragem. Nesta parte, são encontradas as perdas devidas ao atrito e ao arrastamento da ancoragem. Além disso, as forças de pré-esforço iniciais são calculadas para serem utilizadas na previsão teórica das perdas a longo prazo.

Cada tendão é composto por 12 números de fios de 12,7 mm de diâmetro.

Área do tendão =12* $(12,7/2)^2 .\pi = 1520\ mm^2$

Força máxima no tendão, $P_{max} = A . \sigma_{ppmax} = 1520 * 1310 =1991$ KN

3-6-1-1 - Perdas por atrito

Para (t) = 180 dias, temperatura do ar = 1°C e HR = 65%

$P\mu(x) = Po\ (1 - e\ (^{-\mu0+kx}\ ))$

$\sigma 0= 1310\ N/mm^2$, $Ap = 1520\ mm^2$, P0 = 1520*1310 = 1991 KN

Onde μ é o coeficiente de atrito entre o tendão e a conduta, 0 é o deslocamento angular ao longo do comprimento (x), medido em (rad), e k é o desvio não intencional por unidade de comprimento do tendão, é angular e medido em (rad/m).

O valor de μ e k derivado de ensaios laboratoriais e o valor recomendado dado pela Aprovação Técnica Europeia (EAT) do sistema de pré-esforço e o quadro 5.1 são fornecidos pela EN 1992-1-1 μ para e valores de k.

Os valores recomendados para a barra pós-tensionada são μ = 0,2 , k = 0,01 , a meio vão x = 23,65m; no apoio de extremidade, x = 47,3m e

0 = 4.f /L; f = 953 + 64 = 1017 mm ; 0_1 =02 = 4* 1,017/43,7 = 0,086 rad

P_μ (23.65) = P_0 (1 - e^{-0} .2 .$^{(0086+0.01}$ *23.$^{65)}$) = 124.48 KN

Δ σ = Pμ/ Ap = 124,48*10^3 /1520 = 81,82 N/mm^2 ;

ε = Δ σ /E_p = 81.82/ 206000 = 3.97* 10^{-4}

Para apoio extremo 0 = 0_1 + 0_2 = 0,172 rad

Pμ(43,7) = P0 (1 - $e^{-0.2(0.172+0.01*43.7)}$) = 240,99 KN

Δ σ = Pμ/ Ap = 240,99*10^3 /1520 = 158,54 N/mm ;^{2}

ε = Δ σ /E_p = 15,54/ 206000 = 7,7* 10^{-4}

3-6-1-2 -Perdas devidas ao arrastamento do ancoradouro

ΔPsl = 2FmXs

F_m é a perda por atrito por unidade de comprimento em metros , X_s é o comprimento efetivo do tendão

Xs= √ ∂. Ep.Ap/Fm

F_m = ΔP/L = 240,99/ 47,3 = 5,09 KN/m

Xs = √ 0,003*206000 *1520/ 5,09 = 13,57 m

ΔPsl = 2*5,09*13,57 = 138,36 KN

No ponto de tensão; P/ 0 =1991 - 1138.36 = 1852.84 KN

3-7 Perdas a longo prazo

As perdas por retração, fluência e relaxação do aço são calculadas mensalmente a partir de 90 dias após o pré-esforço até 930 dias, de acordo com o Código Euro. Uma amostra do cálculo matemático é apresentada nesta parte e para outras datas é organizada numa tabela.

3-7-1 - Perdas por encolhimento

$^{\varepsilon}$cs =$^{\varepsilon}$ cd +$^{\varepsilon}$ ca

Em que εcd iS manchas de retração de secagem

ε_{ca} são manchas de retração autógenas.

εcd desenvolve-se lentamente com a idade, enquanto ε_{ca} se desenvolve durante o endurecimento.

A maior parte da retração autógena foi desenvolvida antes da aplicação de forças de pré-esforço, então $\varepsilon_{cs} = \varepsilon\ d_c$

$\varepsilon_c\ d = Kh.\ \varepsilon\ d_{c,0}$

$\varepsilon\ d_{c,0}$ depende da classe do betão e da taxa de humidade relativa ambiente. Kh é um coeficiente que depende da dimensão nocional do elemento h_0 que é = 2Ac/u onde u é o parâmetro da secção transversal do elemento exposto à secagem, o valor de $\varepsilon\ d_{c0}$ pode ser retirado da Tabela: 5

Ac = 7,6348m2

u = 15,5 m

h0 = 2*7,6348 / 15,5 = 0,985 m > 500 mm a partir do quadro 3.3. EN 1992-2-2 Kh = 0,7

Quadro 5: Valores de retração por secagem $\varepsilon_{,cd0}$ (%°)

$f_{ck}/f_{ck,cube}$ (MPa)	Relative Humidity (in %)					
	20	40	60	80	90	100
20/25	0.62	0.58	0.49	0.30	0.17	0.00
40/50	0.48	0.46	0.38	0.24	0.13	0.00
60/75	0.38	0.36	0.30	0.19	0.10	0.00
80/95	0.30	0.28	0.24	0.15	0.08	0.00
90/105	0.27	0.25	0.21	0.13	0.07	0.00

εcd,0 = para betão 40/50 e RH 65% é 0,345%° ε_{cd} ,i80 = Kh. $\varepsilon_{,cd0}$ = 0,7* 0,000345= $2{,}42*10^{-4}$

3-7-2 - Perdas por arrastamento

a = 10 dias ; t = 180 dias RH= 65%

Deformação de fluência = E_p/E_{cm} . 0(t,t $)_o$

0(t,to) = 0o* β(t,to) ; 0o=0RH . β(fc)*β(to)

para fc> 35Mpa, 0_{RH} = [1+((1-RH/100)/(0.1*3√h_o)*$^{\alpha}{}_1$]*$^{\alpha}{}_2$

" ι=[35/fc $]_m{}^{0\ .7}$ = 0.944 ; <b=[35/f m]0^2 = 0.983 ; " 3=[35/fm]0^5 = 0.959

para fc> 35Mpa, 0_{RH} = [1+((1-RH/100)/(0.1*^{3} √h_o)*$^{\alpha}{}_1$]*$^{\alpha}{}_2$ = 1.311

β(fcm)=16,8/√fcm = 2,73 ; β(to)=1/(0,1+(to0,2)) = 0,593 ;

βH = 1,5*[1+0,12*RH)^18]*h +250*∞_{o3} =11692

0o=0RH . β(fc)*β(to) = 2,12 ; β [(t t)/(βH·t t)| = 0,485

0(180,10) = 00* β(t,to) = 1,03

Po após o deslizamento da âncora no ponto de tensão; P'_0 = 1852,84 KN

No apoio (x= 0); N_{QP} = n * P'_0 em que n é o número de tendões = 484 cordões/ 12

NQP= 484/12 * 1852,84 = -74,831 MN ; MQP= 0

σ C,QP= NQP /AC = -74,831/ 7,6347 = -9,8 MPa

Deformação de fluência = Ep/Ecm . 0(t,to)

ε_{cc} (x=$_0$)= σ $_{,CQP}$/1.05 Ec_m * 0(180,10)= 9.8 /1.05 * 34000 *1.03 = 283*10 6$^-$

A meio vão

Momento fletor devido a carga externa = 25653 KN.m (do software sap 2000).

Po a meio vão após perdas = 1909,37 KN

A meio do vão (x= 23,65); N_{Qp} = -n * p_{m0}

Np= -484/12 * 1909.37= -77.01 MN

Mp= -n * pm0*e ; (e = 0,953 m) ; Mp= -484/12 * 1909,37 *0,953 = -73,39 MN.m

M_{QP} = MG+ M_P = 25,653 - 73,39 = -47,73

σ c,Qp= NQp /Ac + MQp*e/ Ic = (-77.01/ 7.6347) + (-47.73*0.953/4.8915)

= -1O.O8 - 9,3 = 19,38 MPa

εcc (x=23.65)= σ C,QP/1.05 Ecm * 0(180,10)= (19.38 /1.05 * 34000) *1.03 = 559*10^{-6}

3.7.3 - Relaxamento do aço

Foram utilizados fios de baixa relaxação na ponte e esta pode ser considerada como uma classe 2 na classificação CE.

A expressão CE para o cálculo das perdas por relaxamento para a classe 2 é

Δ σ / σ_{prpi} = 0,66 **p* 1000 * e^9 -^{1} *$^\mu$ * (t/1000)^^{0} · ($^{751-\mu)}$ *10^{-5}

Para a classe 2, *p1000* = 2,5%

Perdas por relaxamento no dia 180, t = 180 * 24 = 4320 horas

μ = σpi/fpk; fpk= 1900MPa

σpi, avr. = σpi,supp + σpi,mid / 2;

σpi,sup = P0,sup. / Ap = 1852,84 * 10^3 / 1520 = 1219 MPa σpi,mid = P0,mid. / Ap = 1909.37 * 10^3 / 1520 = 1256 MPa σpi, avr. = (1219 + 1256)/2 = 1237.5 MPa μ = σpi/fpk; fpk= 1237.5/1900 = 0.651

Δ σpr/ σpi = 0,0091

Δ σpr = 0,0091 * σpi, avr. = 11,23 MPa

ε_{rx} = 11,23 /206000 = 5,45*10 5⁻

Deformação total devida a perdas a longo prazo dependentes do tempo = ε_s h + ε_{cc} + ε_{rx} = 5,45*10 5⁻

+ 559*10^{-6} +2,42*10^{-4} = 8,55*10^{-4}

Todos os passos da secção 3.7 são repetidos para todos os outros dias, de 30 a 930 dias após o pré-esforço. Os resultados são apresentados no Quadro 6.

Tabela 6: Perdas mensais antes do stress e mancha a longo prazo

Meses	Dias após o pré-esforço	Relativo Humidade	Temp. °C	Perdas a longo prazo por tendão	Estirpe induzida
Set.: 1st Ano	30	30%	17	152.49	7.40 *10^{-4}
Out.: 1st Ano	60	38%	15	172.141	8.36 *10^{-4}
Nov.: 1st Ano	90	61%	6	159.084	7.72 *10^{-4}
Des..: 1st Ano	120	72%	1	149.793	7.27 *10^{-4}
Jan.: 2nd Ano	150	71%	1	159.959	7.77 *10^{-4}
Fev.: 2nd Ano	180	65%	1	176.211	8.55 *10^{-4}
Mar.: 2nd Ano	210	50%	8	205.561	9.98 *10^{-4}
Abr.: 2nd Ano	240	37%	13	228.833	1.11 *10^{-3}
maio.: 2nd Ano	270	41%	15	229.425	1.11 *10^{-3}
Jun.: 2nd Ano	300	39%	19	236.72	1.15 *10^{-3}
Jul.: 2nd Ano	330	27%	24	254.43	1.24 *10^{-3}
Ago.: 2nd Ano	360	39%	20	245.018	1.19 *10^{-3}
Set.: 2nd Ano	390	44%	19	241.17	1.17 *10^{-3}
Out.: 2nd Ano	420	51%	10	233.233	1.13 *10^{-3}

Nov.: 2nd Ano	450	53%	6	232.961	1.13 *10^{-3}
Des.: 2nd Ano	480	61%	2	229.783	1.12 *10^{-3}
Jan.: 3rd Ano	510	64%	1	218.339	1.06 *10^{-3}
Fev.: 3rd Ano	540	62%	0	224.844	1.09 *10^{-3}
Mar..: 3rd Ano	570	50%	8	248.16	1.20 *10^{-3}
Abr.: 3rd Ano	600	46%	15	275.205	1.25 *10^{-3}
maio.: 3rd Ano	630	38%	16	272.766	1.32 *10^{-3}
Jun.: 3rd Ano	660	32%	19	282.151	1.37 *10^{-3}
Jul.: 3rd Ano	690	37%	24	277.766	1.35 *10^{-3}
agosto..: 3rd Ano	720	37%	22	279.751	1.36 *10^{-3}
setembro..: 3rd Ano	750	41%	19	275.917	1.36 *10^{-3}
Out..: 3rd Ano	780	43%	13	274.163	1.33 *10^{-3}
Nov.: 3rd Ano	810	53%	6	258.083	1.25 *10^{-3}
Des..: 3rd Ano	840	65%	1	236.02	1.15 *10^{-3}
Jan.: 4th Ano	870	63%	-1	241.844	1.17 *10^{-3}
Fev.: 4th Ano	900	52%	3	264.309	1.28 *10^{-3}
Mar..: 4th Ano	930	60%	6	251.161	1.22 *10^{-3}

Força de pré-esforço inicial a meio do vão = 80170 KN - perdas por atrito para 23,65 m = 80.090 KN

4- Resultados e discussão

A força de pré-esforço transferida para o meio do vão da ponte é de 80.090 KN. As forças de pré-esforço reduziram significativamente nos primeiros meses após o pré-esforço devido às perdas iniciais. Entre os dias 90th e 180th , de novembro a fevereiro, com uma temperatura baixa que varia entre 1°C e 6°C1, ocorre um pequeno aumento da pré-esforço. Este aumento deve-se à absorção da humidade ambiente pelo betão da ponte e à recuperação de uma pequena quantidade do seu volume que se perdeu nos primeiros meses de pré-esforço. A humidade relativa registada nesse período variou entre 61% e 72%.

Entre março e setembro, do sexto ao décimo segundo mês após a aplicação do pré-esforço à estrutura, os dados de humidade situaram-se entre 27% e 50% e a temperatura registada entre 8°C e 24°C. Ocorreram grandes perdas até a humidade ambiente aumentar para mais de 50%.

Uma comparação entre a Fig. 1 e a Fig. 10 mostra que o efeito das alterações sazonais nas perdas de pré-esforço na ponte e a relação entre a temperatura, a humidade relativa ambiente e as perdas de pré-esforço. O pré-esforço diminuiu quando a HR% é inferior a 50% e diminuiu ou aumentou ligeiramente quando a HR% é superior a 50%. Durante os dois primeiros anos de vida da estrutura, registou-se um aumento das forças de pré-esforço

setembro a fevereiro

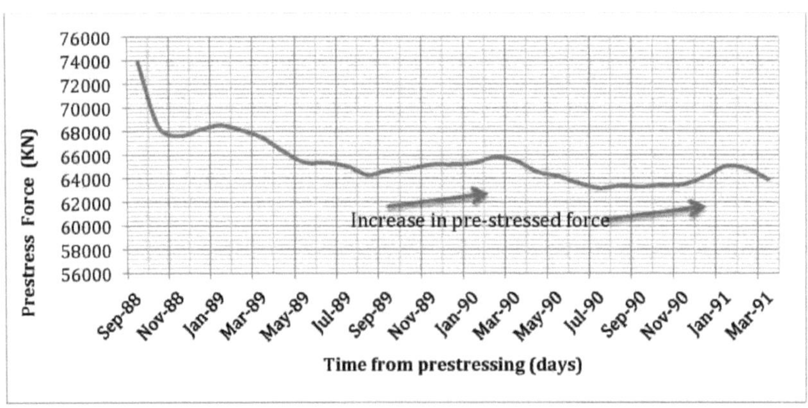

Fig. 10: Flutuação da força de pré-tensão.

Nos primeiros dois anos de idade da estrutura, ocorreu um aumento das forças de pré-esforço nos meses de setembro a fevereiro. Isto está relacionado com a elevada taxa de humidade relativa ambiente. A recuperação de uma pequena parte do pré-esforço perdido a uma temperatura baixa e humidade relativa elevada continuará até que o atributo de fluência e retração do betão esteja totalmente completo.

A deflexão do meio do vão para cada dia em relação à humidade e à temperatura é determinada no Sap 2000 após a atribuição de perdas a longo prazo para todos os dias separadamente e registada num gráfico de linhas. A maior deflexão foi determinada nos dias mais quentes. Isto está relacionado com o rácio mais baixo de humidade relativa no dia mais quente do ano, uma vez que a humidade relativa baixa incentiva a fluência e a retração. A deformação por fluência e retração é descendente, enquanto que a temperatura positiva tenta curvar a ponte para cima. Durante os primeiros três anos de idade da ponte, que é estudada, a deflexão para baixo resultante da redução do volume de betão em consequência da retração combinada, da fluência e do relaxamento do aço dos tendões é maior do que a deformação térmica para cima.

Fig. 11 mostra a variação da deflexão a meio do vão da ponte.

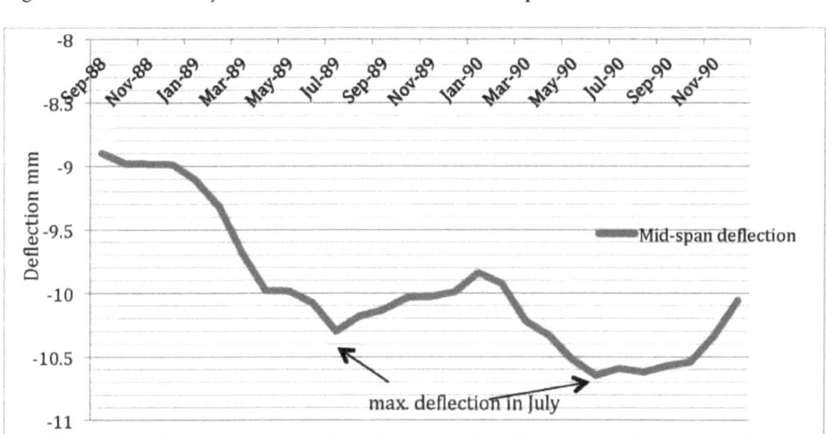

Fig. 11: Variação da deflexão a meio do vão.

A temperatura negativa induz tensões de tração em toda a secção do tabuleiro. Simultaneidade de um componente uniforme de temperatura negativa e de uma diferença de temperatura linear variável

induziu uma tensão de tração de 6,25 N/mm^2 em toda a profundidade da secção e o gradiente de temperatura ao longo da profundidade do tabuleiro induziu uma tensão de tração de 1,04 e 0,42 N/mm^2 na fibra superior e inferior, respetivamente.

O gradiente de temperatura positivo induz uma tensão de compressão de 2,14 N/mm^2 na fibra superior do tabuleiro e uma tensão de tração de 0,54 N/mm^2 na fibra inferior. A simultaneidade da temperatura uniforme negativa e a diferença linear de temperatura induzem 9,2 N/mm² tensões de compressão em toda a secção.

Fig. 12 é uma ilustração gráfica destas tensões.

Fig. 12: Tensões de compressão e de tração devidas à variação diária e sazonal da temperatura.

A flutuação extrema da temperatura diária é de + 25°C e -25°C

Estes valores foram aplicados à ponte durante vários dias. Os resultados mostram que a força de pré-esforço flutua entre o dia e a noite com um valor total de ΔP = 72,48 KN. Por outras palavras, a força de pré-esforço diminui em 36,24 KN quando sujeita a uma variação diária extremamente positiva durante o dia e aumenta no mesmo valor quando sujeita a uma variação diária extremamente negativa. O aumento da temperatura do ar em +25°C durante o dia resulta no aumento da deflexão a meio do vão da viga. Esta deflexão reduziu-se e voltou à sua deformação original devido à aplicação de -25°C. A Tabela 7 resume os resultados Sap2000 da variação diária extrema para quatro dias aplicada ao modelo.

Tabela 7: Deflexão e Δ P sob variações diárias extremas de temperatura.

Dia		Temp.°C	Δ Defl. m	ΔP KN
330	média	25	0.0000116	36.24411868
	+25 C - 25 C	50	0.0000232	72.48823736
		0	0	0
540	média	0	0	0
	+25 C	25	0.0000116	36.24411868
	- 25 C	-25	-0.0000116	-36.24411868
210	média	8	0.0000037	11.56062406

	+25 C	33	0.0000153	47.80474274
	- 25 C	-17	-0.0000079	-24.68349462
660	média	19	0.0000088	27.49553831
	+25 C	44	0.0000204	63.73965699
	- 25 C	-6	-0.0000028	-8.748580371

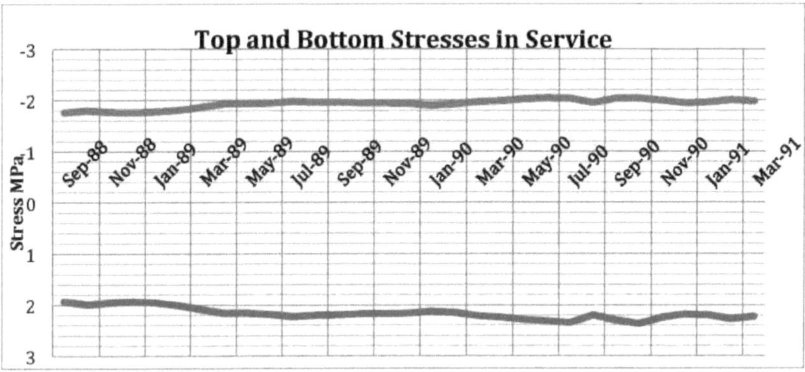

Fig. 13: Tensões das fibras superiores e inferiores da viga a meio do vão.

As limitações das tensões da barra de betão pré-esforçado são apresentadas na tabela 8 abaixo. A Fig. 13 é um gráfico de linhas das fibras superior e inferior da viga caixão do tabuleiro a meio vão sob as cargas de serviço. As tensões de tração para a fibra inferior variam entre 1,9 MPa e 2,4 MPa e são superiores à tensão de tração limitada de acordo com o EC1991. É óbvio que as tensões na ponte integral excederam o valor permitido de tensão de tração. As tensões de tração nas extremidades são mais elevadas do que o seu valor a meio do vão. A Fig. 14 mostra as tensões no meio do vão e em ambas as extremidades 330 dias (dia quente) após a conclusão da ponte.

Quadro 8: Limitação das tensões para o betão pré-esforçado.

Descrição	*Serviço (S)*	*Transferência (T)*	*Comentários*
Limites de tensão de tração	^ctm	⅛m[])	Membros das classes 2 e 3
	O	-1 N/mm^2	Membros da

			classe 1
Limites de tensão de compressão	0.45 L_k Cl. 7.2 (3)	0,6 i^t_{ck} (t) Cl. 5.10.2.2 (5) e Cl. 7.2 (2)	Combinações de cargas quase permanentes
	0.6 L_k Cl. 7.2 (2)		Combinação de cargas caraterísticas

A Fig. 14 mostra as tensões ao longo do tabuleiro da ponte nas fibras superior e inferior. O gráfico inferior está apenas sob cargas de serviço. A tensão da fibra superior é superior à tensão de tração limitada. No entanto, as cargas térmicas induzem tensões de compressão em dias quentes. As tensões estão no intervalo quando as cargas estão em combinação com 9,2 MPa de compressão devido a cargas térmicas sazonais e 0,54 Mpa (Fig. 12) devido a cargas térmicas de gradiente diário, como se mostra no gráfico superior.

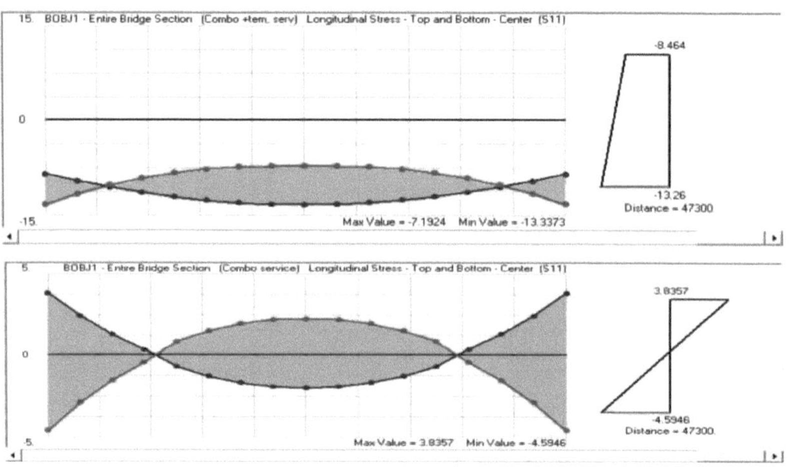

Fig. 14: Distribuição de tensões em dia quente.

A Fig.15 mostra a distribuição de tensões ao longo da ponte no dia 540 após o pré-esforço. Sombra

a temperatura do ar e a humidade relativa ambiente são de 1°C e 62%, respetivamente.

Existem tensões de tração de 3,7 MPa nas extremidades das pontes no dia mais frio, no dia 540, sob as cargas de serviço. Aumentará para 11 MPa com tensões de tração adicionais da simultaneidade negativa do componente de diferença uniforme e linear 6,25 MPa e 1,04

MPa tensões de tração induzidas pelo gradiente diário de temperatura.

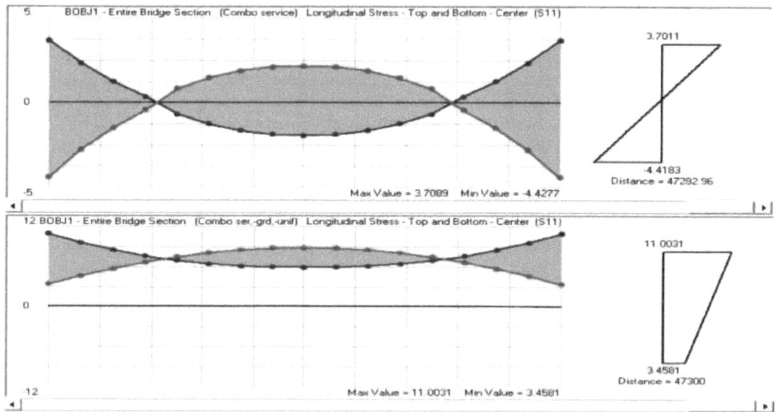

Fig.15: Distribuição de tensões em dia frio.

Como mencionado anteriormente, a tensão de tração na fibra inferior excedeu a tensão limitada permitida. Isto deve-se ao facto de a disposição dos tendões e a força de pré-esforço inicial terem sido concebidas para a ponte simplesmente apoiada com o mesmo comprimento e geometria.

A Fig. 16 descreve a distribuição de tensões na viga-caixão com uma condição simplesmente apoiada. Pode ver-se claramente que as tensões estão dentro do intervalo admissível tanto nos dias quentes como nos dias frios, com e sem combinação das cargas de serviço e térmicas.

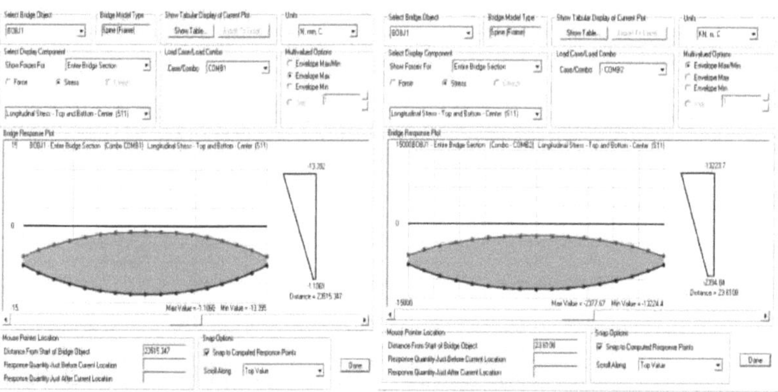

agosto 330dias após o pré-esforçoFevereiro 540 dias após o pré-esforço

Fig.16: Distribuição de tensões para uma condição de apoio simples.

Distribuição de tensões ao longo do comprimento da ponte nas fibras superior e inferior após 330 dias de pré-esforço para uma condição de apoio simples, a tensão de compressão máxima a meio do vão da ponte é de 13,38 MPa e 1,07 MPa nas fibras superior e inferior, respetivamente. A ponte encontra-se em serviço e está sujeita a cargas térmicas uniformes e gradientes positivos.

As tensões são de 13,22 MPa e 2,37 MPa de compressão na fibra superior e inferior no dia mais frio, com um gradiente uniforme e negativo.

Como esperado, existe uma pequena diferença entre a variação de temperatura sazonal e diária com uma condição de apoio simples. A alteração do comprimento e a rotação livre nas extremidades libertaram as tensões. A deflexão descendente final da ponte para dias quentes e frios está resumida no quadro 9 abaixo.

Tabela 9: Deformação da ponte simplesmente apoiada sob cargas térmicas.

Dia	Efeitos das alterações sazonais no comprimento (mm)	Efeitos da variação diária no comprimento (mm)	Deflexão a meio do vão, serviço com cargas térmicas (mm)	Deformação a meio do vão, serviço (mm)
330	44.25	22.31	-50.96	-38.36
540	-30.05	-7.75	-52.88	-50.03

A temperatura uniforme sazonal e a deferência linear têm um efeito significativo na deflexão da ponte articulada. No caso de uma condição de apoio simples, as cargas térmicas de simultaneidade negativa aumentam a deflexão em 11 mm, como mostra a Fig. 17. Aplicadas à ponte de outubro a março, a ponte deforma-se para baixo devido à libertação de tensões térmicas interiores.

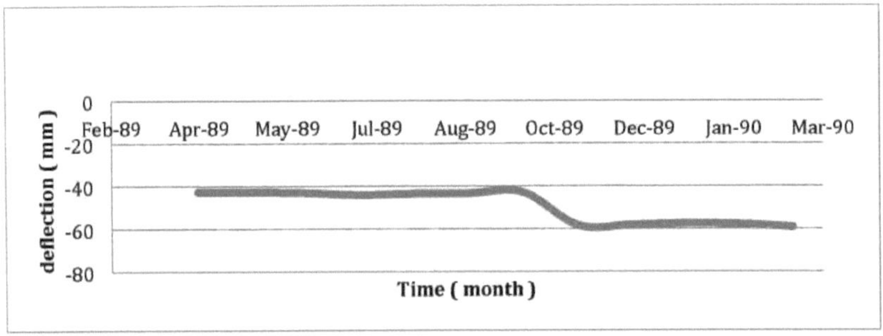

Fig.17: Deformação a meio do vão sob temperatura negativa, condição de apoio simples.

A aplicação de carga térmica simultânea positiva funciona numa tendência oposta, a deflexão da ponte reduz 9 mm como resultado do aumento da temperatura do ar ambiente.

A Fig.18 mostra a redução da deflexão a partir de julho, seguida de pequenas alterações como efeito do aumento da fluência e da retração.

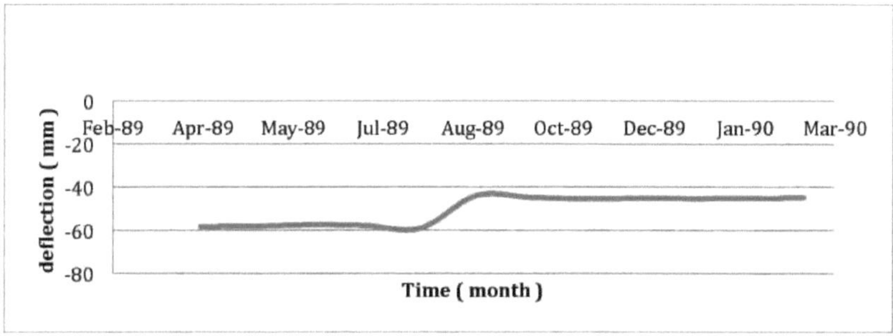

Fig.18: Deflexão a meio do vão sob temperatura positiva, condição de apoio simples.

5- Conclusão

Esta dissertação tem como objetivo investigar os efeitos da variação das cargas térmicas no pré-esforço do tabuleiro em pontes de pilares integrais. Para o efeito, foi estudado e analisado com recurso ao programa Sap 2000. Além disso, para a análise dos dados foram utilizados dados recolhidos nos EUA para a temperatura ambiente da ponte e a razão de humidade. É utilizada uma abordagem numérica para as perdas de pré-esforço. A fluência e a retração estão relacionadas com a humidade relativa. Estas aumentam num clima seco. As perdas calculadas foram aplicadas ao modelo para estudar os seus efeitos sobre as forças de pré-esforço. O resultado foi obtido com base na comparação entre a temperatura ambiente da estação seca e da estação húmida.

A deflexão máxima do tabuleiro ocorreu no período quente. Os resultados do primeiro ano de vida da estrutura mostram que a deflexão diminui de 10,3 mm no verão para 9,31 mm no inverno.

A temperatura uniforme induz tensões axiais elevadas no tabuleiro da ponte. A temperatura positiva induz tensões de compressão de 9,2 MPa em toda a profundidade da viga. No entanto, as tensões de tração devidas à temperatura uniforme negativa são de 6,25 MPa. O tabuleiro também é afetado pelo gradiente diário de temperatura e são induzidas tensões de flexão no tabuleiro. O gradiente positivo de temperatura induz tensões de compressão na fibra superior e tensões de tração na inferior, mas o gradiente negativo de temperatura induz tensões de tração tanto na fibra superior como na inferior.

5.1 -Recomendações

As oportunidades para aumentar a precisão das perdas a longo prazo em pré-esforço exigiram a adição de mais atributos ao software de engenharia. Isto aumentará a capacidade de trabalhar com uma temperatura variável e variação da taxa de humidade ambiente, em vez de calcular as perdas com um valor constante de humidade relativa.

Estudo do comportamento integral da ponte em clima seco e quente, com 50°C no verão e uma humidade relativa muito baixa.

São necessários mais estudos sobre o comportamento da superestrutura da ponte quando se verifica um rácio elevado entre a retração e a fluência. Investigar os efeitos da flutuação térmica e da variação da humidade no tabuleiro da ponte durante estes períodos. Além disso, o efeito térmico no enchimento por detrás dos pilares e a rotação cíclica dos pilares interiores e das estacas e o seu efeito na conceção da pera, do pilar e das estacas podem ser considerados em investigações futuras.

Referências :

[1]- Rodrigues L. E. (2014) ' Efeitos da temperatura numa ponte de pilar integral em viga caixão' , *ASCF ,28* : 583-591.

[2]- Peirtti H.C. (2014) ' Experimental Study of Thermal Actions on a Solid Slab Concrete Deck Bridge and [3]- Comparison with Eurocode 1' , *Bridge eng 1.*

[4]- David T.K. (2014) ' Superstructure Behavior of a Stub-Type Integral Abutment Bridges', *Bridge eng 19.*

[5]- Barr P. J. (2005) ' Effects of temperature variations on precast, pre-stressed concrete bridges viga, *Bridge eng* 10: 186-194 .

[6]- Charles N. (2008) ' The effect of temperature on the effective prestressing force at release for PCBT girders , *ASCE.*

[7]- Kerokoski O. , Soil structure interaction of long joint-less bridges with integral abutments, Tempere university of technology, (2006).

[8]- Flener E.B., Soil structure interaction for integral bridges and culverts. (2004).

[9]- Krizek J. , Soil-structure interaction. (2005).

[10]- Baltimore , Integral abutment and joint-less bridges. Universidade de West Verginia, (2005).

[11]- Rizkalla S. (2005) Predicting Camber, Deflection, and Prestress Losses in Prestressed Concrete Members.

[12]- Barr, P.J., Kukay, B., e Halling, M. (2008). "Comparação das perdas de pré-esforço para uma ponte de betão pré-esforçado feita com betão de alto desempenho". Journal of Bridge Engineering, 13(5), 468-475. Data de publicação online: 1-Sep-2008

[13]- Barr, P.J. e Angomas, F. (2010). "Differences between Calculated and Measured LongTerm Deflections in a Prestressed Concrete Girder Bridge." Journal of Performance of Constructed Facilities, 24(6), 603-609. Data de publicação online: 1-Dec-2010

[14]- Saiidi M.S. (1998) ' Bridge prestress losses in dry climate' , Bridge Eng. ,3 : 111-116 .

[15]- Debbarama S.R. (2011) ' Behavior of pre-stresses concrete bridge girders due to time dependent and temperature effects' , First Middle East Conference on Smart

Monitoring. ,UAE.

[16]- Saiidi M.S. (1996) ' Variation of prestress force in a prestressed concrete bridge during the first 30 months', PCI JOURNAL, 1996, Volume 41, Issue 5.

[17]- ACI 209R-92 previsão da fluência e retração, e efeitos da temperatura na estrutura de betão.

[18]- Hwan B. (2001) ' Realistic long-term prediction of prestress forces in PSC box vigder bridges' , *Struc.Eng. ,127* : 1109-1116.

[19]- Guo T. (2011) ' Fiabilidade dependente do tempo da ponte em caixão PSC considerando a fluência, a retração e a corrosão' , *Bridge Eng. ,16* : 29-43.

[20]- pan Z. (2014) ' Quantitative design of backup pre-stressing tendons for long span prestressed concrete box rod roding bridges' , *ASCE. ,04014066* : 1-8.

Printed by Books on Demand GmbH, Norderstedt / Germany